非开挖技术规范丛书

非开挖技术术语

Technical Terms of Trenchless Technology

中国地质学会非开挖技术专业委员会　组织编写

朱文鉴　王复明　马孝春　主编

U0291122

中国建筑工业出版社

图书在版编目（CIP）数据

非开挖技术术语/朱文鉴，王复明，马孝春主编. —北京：中国建筑工业出版社，2015.12
（非开挖技术规范丛书）
ISBN 978-7-112-18843-7

Ⅰ.①非… Ⅱ.①朱… ②王… ③马… Ⅲ.①地下管道-管道施工-术语 Ⅳ.①TU990.3

中国版本图书馆 CIP 数据核字（2015）第 303291 号

责任编辑：田立平　牛　松
责任设计：王国羽
责任校对：姜小莲　赵　颖

非开挖技术规范丛书

非开挖技术术语
Technical Terms of Trenchless Technology

中国地质学会非开挖技术专业委员会　组织编写
朱文鉴　王复明　马孝春　主编

*

中国建筑工业出版社出版、发行（北京西郊百万庄）
各地新华书店、建筑书店经销
北京红光制版公司制版
环球东方（北京）印务有限公司印刷

*

开本：850×1168毫米　1/32　印张：3½　字数：93千字
2016 年 2 月第一版　　2016 年 2 月第一次印刷
定价：**15.00** 元
ISBN 978-7-112-18843-7
（28117）

版权所有　翻印必究
如有印装质量问题，可寄本社退换
（邮政编码 100037）

编 制 说 明

本规程以国际非开挖技术协会的英文版非开挖技术术语为基础，参考了燃气、给水排水、石油、工业、电力电信等地下管线相关行业有关的地下管线探测、检测、非开挖技术施工等方面的规程、规范以及非开挖企业的规范和标准，同时结合国内实际施工经验编制而成。

本规程共分 8 章。主要技术特点如下：

——规定了非开挖施工技术中的常用术语；重点重新界定了非开挖技术的基本术语；重点给出了水平定向钻进、顶管和管道更新技术体系的术语；

——非开挖技术属新技术，在我国尚未形成完整体系，有些技术工法在国内尚未应用。本规程编写过程中，力求保证技术体系的完整性，国内尚未应用或应用很少的工法，仅给出了少量的基本术语；

——非开挖技术涉及的理论、技术方法和设备仪器主要来自岩土工程、钻探工程和地球物理勘探技术等，涉及的行业主要有：电力、电信、交通、燃气、石油天然气、给排水、热力、工业等，所以很多术语多来源于上述领域或行业；

——本规程主要对相关非开挖技术的设备、工艺、设计、施工和验收过程的主要技术术语进行了全面的总结，对非开挖专业相关术语与定义进行了重新界定；

——本规程系统性地给出了非开挖技术相关术语，对非开挖技术体系进行了重新的分类，并进行了整合，统一了不同地区不同叫法的术语，并进行了重新界定和定义；

——本规程对一些非开挖术语在尊重原有定义的内涵的基础上，依据非开挖行业的发展情况进行了重新定义；

——本规程尽量完整地给出相关术语，但难免仍有缺失，本规程主要为生产实践使用，原则上不包括理论性研究术语；

——本规程可适用于非开挖施工、设计、制造、管理、科研、教学、国际合作、出版以及援外等方面。

本规程由中国地质学会非开挖技术专业委员会提出。

本规程起草单位：中国地质学会非开挖技术专业委员会专家委员会。

本规程主要起草人：马孝春、武志国、朱文鉴、乌效鸣、王明歧、王远峰、颜纯文等。

本规程由中国地质学会非开挖技术专业委员会归口。

中国地质学会非开挖技术专业委员会（CSTT）

2015 年 2 月

主编单位：中国地质学会非开挖技术专业委员会

参编单位：北京隆科兴非开挖工程股份有限公司、北京市市政二建设工程有限责任公司、北京东方中远市政公司、河北肃安实业集团有限公司、北京易成市政工程有限责任公司、德威土行孙工程机械（北京）有限公司、北京天环非开挖工程公司、河北天元地理信息科技工程有限公司北京分公司、河南华北基础工程有限公司、安徽唐兴机械装备有限公司、衡水鸿泰非开挖机械工程有限公司、河南中拓石油工程技术股份有限公司、廊坊钻王科技深远穿越有限公司、杭州诺地克科技有限公司、上海钟仓机械设备有限公司、管丽环境技术（上海公司）、浙江凌云水利水电建筑有限公司、徐州徐工基础工程机械有限公司、江苏谷登工程机械装备有限公司、无锡钻通工程机械有限公司、南京地龙非开挖工程技术有限公司、杭州东元非开挖技术工程有限公司、福建省东辰岩土基础工程公司、武汉市拓展地下管道工程有限公司、黄石精武顶管工程有限公司、东营博深石油机械有限责任公司、山东诺泰市政工程有限公司、青岛世通建设工程有限公司、山东柯林瑞尔管道工程有限公司、郑州大学、中国地质大学（北京）、中国地质大学（武汉）、成都理工大学

参编人员：
陈铁励	陈　勇	曹国权	崔亚伦	陈凤钢
邓化雨	李　山	李方军	李国军	刘胜林
李宗涛	李浩民	刘春鹏	马孝春	胡远彪
何　善	贺燕麒	贾绍宽	姜志广	皮青云
孙跃平	浦金文	佟功喜	武志国	乌效鸣
王复明	王洪玲	王明岐	王兆铨	王远峰
王万斌	颜纯文	杨宇友	余为民	余家兴
姚秋明	徐效华	徐金校	张忠海	朱文鉴

中国地质学会非开挖技术专业委员会
专家委员会

主　任：王复明

副主任：李　山　　王兆铨　　徐效华　　朱文鉴

水平定向钻进专家组：

陈铁励　　陈凤钢　　崔亚伦　　贺燕麒　　姜志广

贾绍宽　　李国军　　刘胜林　　李　山　　佟功喜

王洪玲　　乌效鸣　　徐金校　　姚秋明　　余为民

胡远彪　　张忠海

顶管隧道专家组：

陈　勇　　邓化雨　　李浩民　　李宗涛　　皮青云

浦金文　　王兆铨　　王远峰　　武志国　　余家兴

阎　强　　杨宇友

管道更新专家组：

曹国权　　何　善　　李方军　　刘春鹏　　马孝春

徐效华　　王明岐　　王万斌　　颜纯文　　孙跃平

目　录

1 基 本 术 语

1.1 非开挖技术/No-Dig，Trenchless Technology

采用少量开挖或不开挖的方式，进行地下管线探测、铺设以及地下管道清洗、检测、评价和更新的施工技术。

1.2 狭义非开挖技术/Strict Trenchless Technology

在地表无需挖槽或最小量开挖量的条件下，进行各种管线铺设和更新的施工技术，同时包括一些相关的技术，如：管线探测、管道清洗和检测等。

1.3 广义非开挖技术/General Trenchless Technology

采用少量开挖或不开挖的方式，进行地下工程（含构筑物和管线）探测和建设、土壤环境治理、能源开采、地下管线修复、质量检测和评价等方面的施工技术。

1.4 非开挖管线铺设/Trenchless Pipeline Installation

在土体内挖掘孔洞，并铺设或浇筑管（渠）道的施工方法，包括：水平定向钻进法、顶管法、夯管法、冲击矛法、水平螺旋钻进法、隧道法、盾构法等。

1.5 水平定向钻进法/Horizontal Directional Drilling，HDD

利用钻进设备以近水平方向（8°～20°）方向钻入地层，以可控向方式钻进一定距离后返出地表，然后进行单次或多级扩孔钻进至一定口径，最后采用回拖方式将管线拉入孔内，实现地下管线铺设的施工方法。

1.6 顶管法/Pipe Jacking

采用人工、机械或其他方式挖掘土体，并利用机械方法将管道逐节推入土体内的地下管道铺设施工方法。

1.7 夯管法/Pipe Ramming

利用冲击锤夯击钢套管从而在土体形成管道孔的、方向不可控的施工方法，钢套管内的土可用螺旋钻杆或者高压射流排除。

1.8　冲击矛法/Impact Molling

利用气动或者液压冲击锤冲击锤头，锤头将土挤压到周围土层成孔，同时将待铺设的管线拉入孔或随后顶推管线就位的施工方法。

1.9　螺旋钻进法/Auger Boring

采用钻机，通过螺旋钻杆带动切削头钻进土体成孔，然后采用顶推或回拖方式铺设地下管线的施工方法。

1.10　盾构法/Shield

采用盾构掘进机隧道掘进、拼装作业成孔或铺设管道的施工方法。

1.11　隧道掘进法/Tunnelling

采用爆破、浅埋暗挖等方法在土体内挖掘构建隧道成孔或铺设管道的施工方法。

1.12　非开挖管道更新/Trenchless Pipe Renovation

指非开挖管道更换和管道修复的统称。

1.13　非开挖管道更换（管线替换）/Trenchless Pipe Replacement

在旧管轴线上或偏离旧管轴线上，碎裂、钻碎或抽起等方式破碎旧管道，同时构筑一个新管道的施工方法。管道更换包括：碎裂管法、吃管法、抽管法等。

1.14　碎裂管法/Pipe Splitting

以待更换的旧管道为导向，使用碎裂管设备从旧管道内部将旧管道割裂或碎裂，并将旧管道碎片挤入周围土体并形成管孔，同时将新管道拉入完成旧管道更换的施工方法。

1.15　吃管法/Pipe Eating

使用微型顶管设备改进的设备将旧管道连同周围土层一起破碎并将管道碎片排出，同时顶入新管道的施工方法。

1.16　抽管法/Pipe Pulling

将新管连接在旧管上，然后将旧管拉出，而新管则留在孔内的管道更换施工方法。是一种小直径管道更换方法。

1.17 非开挖管道修复/Trenchless Pipe Rehabilitation

在对旧管道内壁进行预处理后，置入新的内衬，以解决管道腐蚀、泄漏、破损等缺陷，并延长其使用寿命的施工方法。管道修复方法包括：插管法、管片法、改进插管法、原位固化法（CIPP）、螺旋缠绕法、喷涂法等。

1.18 插管法（穿插法）/Slip Lining

采用牵拉或顶推的方式在旧管内置入直径稍小的内衬管，并向旧管和内衬管之间的环向间隙灌注浆液的管道修复方法。

1.19 管片法/Segmental Lining

将片状型材在旧管道内拼接成一条新管道，并对新管道与旧管道之间的间隙进行填充和粘接处理的修复方法。

1.20 改进插管法/Modified Sliplining

在将内衬管置入旧管之前，先使其断面变小（如挤压、拉拔、折叠变形等方法），置入旧管之后再使其恢复原状，以达到新管和旧管之间的紧贴式的修复方法。又称紧配合内衬法（close-fit lining）。

1.21 原位固化法/Cured-in-place Pipe，CIPP

将浸渍热固化性树脂的纤维增强软管或编织软管通过翻转或牵拉的方式置入旧管道内，使带有树脂粘结剂的一面面对旧管的内壁，并紧贴在管壁上，然后在常温下或通过加热（热水、热气或紫外线）的方法使树脂固化形成管道内衬的修复方法，又称软衬法（soft lining）。

1.22 螺旋缠绕法/Spiral Wound Lining

使用螺旋缠绕机或人工将带筋条的塑料带在旧管内壁形成内衬层，衬层与旧管之间的环隙可注入浆液或使内衬扩张实现紧配合的修复方法。

1.23 喷涂法/Spray Lining

以压气及电能为动力使用驱动高速旋转的喷头在管道内旋转、移动，在管道内壁形成一定厚度、均匀的水泥砂浆液或树脂涂膜，达到预防或消除管道腐蚀、渗漏、爆裂等缺陷，提高管道通过能力和延长使用寿命的修复方法。

1.24 地下管线探测/Underground Pipeline Detection

利用地质雷达、磁法、电法、（超）声波等仪器技术，查明地下管线的属性、空间位置和尺寸。

1.25 工程地质勘察/Engineering Geological Investigation/Prospecting

为满足地下管线工程建设的规划、设计、施工、运营及综合治理等的需要，对地形、地质及水文等状况进行测绘、勘探测试，并提供相应成果和资料的活动。

1.26 管道清洗/Pipe Cleaning

采用人工、机械、水力和化学等方式清除管道内结垢、淤积、障碍、杂物等对管道输送和输送介质有影响的物质。

1.27 管道检测/Pipe Inspection

通过进入式肉眼观察或者机器人、潜望镜、电视摄像设备、雷达和声呐等装置对管道内部的结垢、淤积、泄漏、错位、破损或管道外部破损、土体空洞等状况进行检测。

1.28 管道评价/Pipe Evaluation

根据对管道内部的检测数据、视频等资料，对管道内部状况以及管道结构进行输送功能和结构强度性能等进行评价，为管道后续维护维修提供参考依据和建议。

1.29 地下管线/Underground Pipeline

是地下管道和地下缆线的总称。

1.30 地下缆线/Underground Line

用于传输能量或信息的地下电缆、光缆等。

1.31 地下管道/Underground Pipe

用管节、管节联接件等联接成的，用于输送气体、液体或固体颗粒物的线性地下构筑物。

1.32 非开挖工程/Trenchless Technology Engineering

采用非开挖技术进行地下管线铺设和更新的施工工程。

1.33 非开挖设备/Trenchless Technology Equipment（rig）

实施非开挖工程所使用的地面设备总称。

1.34 非开挖工具/Trenchless Technology Tools

实施非开挖工程所使用的各种机具以及小型地面机具的总称。

1.35 非开挖工艺/Trenchless Process

实施非开挖工程所采用的各种技术方法、措施以及施工工艺过程。

1.36 工作坑（工作井）/Working Pit，Working Shaft

为实施非开挖工程目的，在地表开挖建造的"坑或井"形临时构筑物。当坑口面积较小时或者坑口的长度或直径与坑深度比小于 0.5 时，称之为工作井。

2 管线铺设通用术语

2.1 一般术语

2.1.1 开挖（槽）铺管/Open Cut /Trenching Installation

在地表开挖沟槽，在沟槽内进行地下管道铺设或修复、更换的施工方法。

2.1.2 窄开挖铺管/Narrow Trenching Installation

利用切削轮或链式挖沟机开挖一条比欲铺设的管线外径宽 50～100mm 的窄沟，并铺设地下管线的施工方法。

2.1.3 非开挖铺管/Trenchless Installation

采用非开挖的方法，包括：水平定向钻进法、顶管法、夯管法、冲击矛法、水平螺旋钻进法、隧道法、盾构法等，进行地下管线铺设的施工方法。

2.1.4 穿越/Crossing

避开地面障碍物（河流、建筑物、铁路、高速公路、街道、植被区等）从地下钻掘逾越从而铺设管线的非开挖施工。

2.1.5 跨越/Aerial Crossing

从铁路、公路、河流、湖泊等上方铺设管道的施工过程。

＊2.1.6 进人施工/Man-entry Construction

施工人员进入管道内施工的方法，管道的最小口径一般由卫生和安全规程确定，管径通常在 800～1000mm 之间。

2.1.7 复原/Reinstatement

开挖施工后所进行的回填、压实和铺装地表的工作。

2.1.8 回填/Backfill

按规定要求的土质和密实度对开挖的沟槽、基坑进行填充土体的施工。

2.1.9 回填土/Back Filling

按规定要求的土质和密实度对开挖的沟槽、基坑进行填充的土体。

2.1.10　机房/Field Shack

容纳机械设备、附属装置、循环系统和操作人员工作的简易棚房。

2.1.11　场地布置/Lay-out of Equipment

以入土点为基准，将选用的机械设备、附属装置、循环系统和场房按一定的要求布置安装。

2.1.12　地基/Site Foundation

钻机/顶管机、水泵、动力机等设备承力处的基础。

2.1.13　干钻/Dry Bore

在钻进过程中不使用钻进液的钻进或顶推过程。

2.2　工程地质勘察

2.2.1　工程地质条件/Engineering Geological Condition

指工程所在地区地质环境的各项因素的综合，包括地层的岩性、地质构造、水文地质条件、地表地质作用、地形地貌、地下水等。

2.2.2　地下构筑物/Underground Utility

在地面以下建造的服务性设施。

2.2.3　岩土性质/Geotechnical Property

岩土是从工程建筑观点对组成地壳的任何一种岩石和土的统称。它的性质包括物理、化学及力学性质。

2.2.4　原状土/未扰动土/Natural Soil/Undisturbed Earth

指没有被外界作用扰动过的土层。

2.2.5　不稳定土/Non-stabilized Soil

指饱和、松散的粉细砂、淤泥、淤泥质土、干燥的松砂土及膨胀土、湿陷性黄土等。

2.2.6　地应力（岩体初始应力，绝对应力，原岩应力）/Ground Stress

存在于岩石或土体中的未受工程扰动的天然应力。

2.2.7 强度/Strength

材料、构件抵抗外力而不失效的能力，包括材料强度和结构强度两方面。

2.2.8 弹性模量/Elastic Modulus

又称杨氏模量，是弹性材料一种最重要、最具特征的力学性质，是物体弹性变形难易程度的表征，用"E"表示，其定义为理想材料有小形变时应力与相应的应变之比。

2.2.9 泊松比（横向变形系数）/Poisson's Ratio

材料的比例极限内，由均匀分布的纵向应力所引起的横向应变与相应纵向应变之比的绝对值，反映材料横向变形的弹性常数，无量纲。

2.2.10 黏聚力/Adhesion

同种物质内部相邻各部分之间的相互吸引力，这种相互吸引力是同种物质分子之间存在分子力的表现。

2.2.11 内摩擦角/Angle of Internal Friction

岩体在竖向力作用下发生剪切破坏时错动面的倾角，单位为度（°）。它是土的抗剪强度指标，反映了土的摩擦特性。

2.2.12 结构完整性/Structural Integrity

岩体内以裂隙为主的各类地质界面的发育程度，是岩体结构的综合反映，取决于结构面切割程度、结构体大小以及块体间结合状态等因素，是岩体工程中采用的概括性指标。

2.2.13 孔隙与裂隙/Pore & Fissure

孔隙是岩土固体矿物颗粒间的空间；裂隙是断裂构造的一种，固结的坚硬岩石（沉积岩，岩浆岩和变质岩）在各种应力作用下破裂变形而产生的空隙。

2.2.14 水敏性/Water Sensitivity

土体遇水引起水化、膨胀、疏松、坍塌等的特性。

2.2.15 岩石渗透性/Rock Permeability

流体在压差作用下通过岩石裂隙和孔隙渗透滤失的特性。

2.2.16 岩石孔隙度/Rock Porosity

岩石中孔隙所占体积的百分数，以"m"表示。

2.2.17 岩石水溶性/Water Solubility of Rocks

岩石溶解于水中的难易程度的特性。

2.2.18 降水/Dewatering

用机械设备抽排地下水，以降低地下水位的方法。

2.2.19 地基处理/Soil Treatment，Soil Improvement

提高地基土的承载强度、减少地基土变形量的各种人工处理方法。

2.2.20 胸腔回填/Compaction of the Two Sides of Pipe

按规定要求的土质和密实度回填在管道两侧规定宽度内的土体，沟槽铺设时为管子与槽壁间土体。

2.2.21 原状土无侧限抗压强度/Unconfined Compressive Strength of Undisturbed Soil

指土在无侧限条件下，抵抗轴向压力的极限强度，其值等于土破坏时的垂直极限压力，一般用无限侧压力仪来测定，以"q_u"表示。

2.2.22 岩石单轴抗压强度/Uniaxial Compressive Strength of Rock

指无围压岩样在纵向压力作用下出现压缩破坏时，单位面积所承受的载荷，以"Ru"表示。

2.2.23 可钻性/Drillability

衡量钻进岩土地层难易程度的量化指标，共分为6级。

2.2.24 成孔性/Hole-making Property

衡量岩土地层水平钻孔成孔（缩径、扩径、坍塌、掉块等）难易程度的量化指标，共分为4级。

2.3 泥浆技术

2.3.1 泥浆/Mud Fluid

黏土颗粒均匀而稳定地分散在液体（水或油）中形成的分散

体系。

2.3.2 乳状液/Emulsion

液体以液珠形式均匀而稳定地分散于另一与其不相混溶的液体中形成的分散体系。

2.3.3 水基泥浆/Water-based Mud

以水（淡水或矿化水）为分散介质形成的泥浆。

2.3.4 细分散淡水泥浆/Dispersed Fresh Water Mud

主要分散剂的含盐量小于 1%、含钙量小于 120ppm 的水基泥浆。

2.3.5 低固相非分散性泥浆/Low-Solid Non-Dispersed Mud

固相含量低于 4%(体积)并含有选择性絮凝剂的水基泥浆。

2.3.6 泡沫泥浆/Foamed Mud

气体(空气)和黏土均匀而稳定地分散在水中形成的水基泥浆。

2.3.7 无黏土泥浆/Non-clay Mud

不含黏土的泥浆。

2.3.8 盐水泥浆/Salt-water Mud

以氯化钠（含量 1%以上）为处理剂的水基泥浆。

2.3.9 饱和盐水泥浆/Saturated Salt-water Mud

含盐量达到饱和的泥浆。

2.3.10 聚合物溶液/Polymer Slurry

聚合物以分子状态分散在溶剂中所形成的均相混合体系。

2.3.11 润滑泥浆/Lubricating Mud

含润滑添加剂的钻进液或护壁液。

2.3.12 气液混合液/Gas and Liquid Mixture

气体（或空气）和液体（水）相混合的钻进液。

2.3.13 泥浆材料/Mud Materials

制备和调节泥浆性能用的材料。

2.3.14 造浆黏土/Mud-forming Clay

制备和调节泥浆性能用的黏土。

2.3.15 黏土造浆率/Yield of Clay

制备表观黏度为15mPa·s的泥浆时，每吨黏土制备泥浆的数量。

2.3.16 处理剂/Agent

用于调节泥浆黏度、失水量、密度、润滑性、稳定性、动切力等性能的化合物。

2.3.17 增黏剂/Viscosifier

用于提高泥浆或无黏性土黏度的处理剂。

2.3.18 稀释剂/Thinning Agents，Thinner

用于拆散泥浆内部结构，降低泥浆黏度的处理剂。

2.3.19 滤失控制剂（降失水剂）/Filtration Control Agents

用于控制泥浆失特性的处理剂。

2.3.20 絮凝剂/Flocculent

加入泥浆中起絮凝作用的处理剂。

2.3.21 润滑剂/Lubricant

加入泥浆中起润滑作用的添加剂。

2.3.22 乳化剂/Foaming Agent

使油（或水）均匀而稳定地分散在水（或油）中的表面活性剂。

2.3.23 起泡剂/Emulsifier

使气体均匀而稳定地分散在液体中的表面活性剂。

2.3.24 堵漏材料/Lost Circulation Material(LCM)，Plugging Material

用于防止循环漏失而加入泥浆中的堵漏材料。

2.3.25 泥浆流变学/Mud Rheology

研究泥浆变形和流动的科学。

2.3.26 泥浆性能/Properties of Fluid

描述泥浆工艺特性的参数。

2.3.27 密度/Density

在标准大气压和室温条件下，泥浆单位体积中的质量，以"ρ"表示，单位为 g/cm^3。

2.3.28 黏度/Viscosity

液体在流动时，在其分子间产生内摩擦的性质，称为液体的黏性，黏性的大小用黏度表示，常用单位 mPa·s。

2.3.29 漏斗黏度/Funnel Viscosity

流动特性或可泵性的度量，用漏斗黏度计测量，以"T"表示，单位为 s。

2.3.30 失水量(滤失量)/Amount of Water Loss, Filtration Loss

在一定压差下，规定时间内泥浆的液相渗入地层的数量，以"B"表示，单位为 mL。

2.3.31 滤饼厚度/Filter Cake Thickness

泥浆的液相向地层渗透过程中，在岩层表面渗滤后的固相堆积的厚度。以"h"表示，单位为 mm。

2.3.32 固相含量/Solid Content

泥浆中分散的固体颗粒含有量的体积百分数，以"c"表示，单位为%。

2.3.33 含砂量/Sand Content

泥浆中大于 $74\mu m$ 不易分散的固体颗粒含有量的体积百分数，以"s"表示，单位为%。

2.3.34 氢离子浓度值/Hydrogen Ion Concentration Value

泥浆的液相中氢离子的含量，以"pH"表示。

2.3.35 切力/Shearing Force

切力分为动切力和静切力，动切力反映钻进液流体在流动时内部凝胶网状结构的强度；静切力反映钻井液流体在静止状态时，内部凝胶网状结构的强度。

2.3.36 胶体率/Colloidal Rate

泥浆静止规定时间后，胶体成分体积与总体积之比，以"G"表示。

2.3.37 胶质价/Colloid Index

将膨润土与水按比例混合，形成凝胶状态时的体积。以 15g 样品形成凝胶体积的毫升数表示。

2.3.38 触变性/Thixotropy

泥浆搅拌变稀，流动性增加，静置变稠，流动性降低的特性。

2.3.39 泥浆稳定性/Mud Stability

泥浆的稳定性与胶体率在本质上相似，它是以静置24h后泥浆上下两层的比重差来衡量的，一般规定比重差值应小于0.02。

2.3.40 沉降稳定性/Sedimentation Stability

分散体系中的固体颗粒在重力场作用下维持其浓度均匀分布的特性。

2.3.41 聚结稳定性/Coagulation Stability

分散体系中的分散相抵抗颗粒间的范德华引力不产生聚结的特性。

2.3.42 平衡孔壁地层压力/Balance Pressure of Hole Wall

采用泥浆的液柱压力平衡地层孔隙流体压力所需的压力。

2.3.43 钻屑/Cutting

隧道或钻孔施工中掘进下来的土屑、岩块等碎屑。

2.3.44 悬排钻屑/Suspend & Discharge Cuttings

具有一定密度和悬浮作用的泥浆通过循环系统悬浮钻屑并携带到地面，在地表排除钻屑的过程。

2.3.45 泥浆泵/Mud Pump，Slush Pump

向钻孔内泵送泥浆的机械。

2.3.46 搅浆罐（泥浆搅拌桶）/Mixed Slurry Tank

制备泥浆的搅拌设备。

2.3.47 贮浆罐/Circulating Tank

贮存泥浆的容器。

2.3.48 泥浆搅拌机/Mud Mixer

以机械搅拌方式制备泥浆的机械。

2.3.49 振动筛/Vibrating Screen

设置过滤筛，通过振动分离泥浆中粗、细颗粒固相的一种装置。

2.3.50 旋流器/Hydro Cyclone

利用水旋转流动时产生的离心现象分离泥浆中粗、细颗粒固相的一种装置，通常用来分离较粗的颗粒。泥浆沿切线方向进入壳体，在壳内做回转运动，粗颗粒进入旋流外圈，向下流动，由底部沉砂嘴排出；细颗粒处于旋流中心，随浆液向上运动，由溢流管排出。

2.3.51 离心分离机/Centrifugal Separator

利用离心原理分离泥浆中粗、细颗粒固相的一种机械，通常用来分离较细的颗粒。

2.3.52 净化设备/Purifying Device

清除泥浆中无用固相和气相的地面设备。

2.3.53 钻孔漏失/Loss of Circulation

孔内液体在压差下流入土层或孔隙性岩层的过程。

2.3.54 渗透性漏失/Permeable Loss

能维持循环但有少量消耗时的孔内漏失。

2.3.55 部分漏失/Partial Loss

循环时只有部分液体返回地表时的孔内漏失。

2.3.56 全漏失/Total Loss，Lost Circulation

不能维持循环全部流入岩土地层但孔内仍有静止水位时的孔内漏失。

2.3.57 严重全漏失/Serious Loss，Catastrophe Loss

不能维持循环全部流入岩土地层孔内无静止水位时的孔内漏失。

2.3.58 漏失强度/Loss Intensity

衡量钻孔漏失程度的量值。

2.3.59 水浸入/Water Intrusion，In Flow

地层水在压差下侵入钻孔内的现象。

2.3.60 测漏/Loss Surveying

测量孔内漏失各种参数的作业。

2.3.61 堵漏/Shot-off of Loss

处理漏失的作业。

3 水平定向钻进

3.1 一般术语

3.1.1 水平定向钻进铺管/Horizontal Directional Drilling Installation

利用水平定向钻进设备和仪器，通过导向、扩孔和拉管三个主要工序铺设地下管线。

3.1.2 水平定向钻进穿越/HDD Crossing

采用水平定向钻进方式从障碍物下方铺设管线的施工。

3.1.3 短距离定向穿越/Short Distance HDD Crossing

采用水平定向钻进实施的穿越长度小于或等于 300 m 的铺管工程；

3.1.4 中距离定向穿越/Medium Distance HDD Crossing

采用水平定向钻进实施的穿越长度介于 300 m 到 800 m 的铺管工程；

3.1.5 长距离定向穿越/Long Distance HDD Crossing

采用水平定向钻进实施的穿越长度介于 800 m 到 1500 m 的铺管工程；

3.1.6 超长距离定向穿越/Extra Long Distance HDD Crossing

采用水平定向钻进实施的穿越长度大于 1500 m 的铺管工程。

3.1.7 设备场地（入土点场地）/Drill Site

用于安放水平定向钻机及其辅助设施的施工场地。

3.1.8 管线场地（出土点场地）/Pipes Site

用于焊接和放置管线的施工场地。

3.1.9 入土坑（起始坑，钻进坑）/Entrance Pit，Boring Pit

是指为水平定向钻进储置泥浆、连接钻具，并用于开始钻进的工作坑。

3.1.10 出土坑(出口坑)/Exit Pit

是指切削钻头或者套管钻出地层的工作坑。

3.1.11 地面始钻式/Type of Drill Rig on the Ground

钻机放置于地表的安装方式。

3.1.12 坑内始钻式/Type of Drill Rig in the Pit

钻机放置于入土工作坑内的安装方式。

3.1.13 钻孔/Bore

在地下形成的用于铺设管线的水平孔道。

3.1.14 孔壁稳定性/Hole Wall Stability

钻孔孔壁岩层在钻探过程中保持其原始状态的特性。

3.1.15 孔内事故/Down-hole Trouble

造成孔内钻具正常工作中断的突然情况。

3.1.16 卡钻/Drill Rod or Pipe Sticking

因孔壁掉块、键槽或缩径等使孔内钻具受阻的孔内事故。

3.1.17 抱钻/Holding Drill Rod

由于排屑不充分，泥页岩抱死钻具，致使孔内钻具不能回转和推拉受阻的孔内事故。

3.1.18 埋钻/Burying Drill Rod

孔内钻具被岩粉、岩屑沉淀或被孔壁坍塌（或流砂）埋住，不能回转和推拉，钻进液不能流通的孔内事故。

3.1.19 断管/Rod or Pipeline Breaking off

钻具或管线在孔内折断或拉断的孔内事故。

3.1.20 钻机操作员/Rig Operator

操控水平定向钻机的专业技术工人。

3.1.21 泥浆操作员/Mud Operator

配置泥浆和维护泥浆性能的专业技术工人。

3.1.22 导向操作员/Guiding Operator

导向钻进时，操作导向仪的专业技术工人。

3.2 钻进设备仪器

3.2.1 水平定向钻机/Boring Machine/HDD Rig

用于定向钻进地层并铺设地下管线的机械。

3.2.2 微型钻机/Mini Rig

回拖力≤10t 的水平定向钻机。

3.2.3 小型钻机/Small Rig

回拖力＞10t 且 ≤40t 的水平定向钻机。

3.2.4 中型钻机/Medium Rig

回拖力＞40t 且 ≤120t 的水平定向钻机。

3.2.5 大型钻机/Large Rig

回拖力＞120t 且 ≤400t 的水平定向钻机。

3.2.6 特大型钻机/Giant Rig

回拖力＞400t 的水平定向钻机。

3.2.7 动力头/Clinostat

用于驱动钻杆和钻头旋转的机械机构。用于回转钻进和辅助钻杆拧卸等作业。

3.2.8 给进机构/Feed Mechanism

用于带动动力头和钻具线性前进或后退的机械机构。主要有马达链条、齿轮齿条和油缸链条等形式。

3.2.9 桅杆/Mast

用于钻机动力头上下推/拉作业和钻进时拧卸钻杆钻具用的构架件。

3.2.10 地锚系统（锚固机构）Earth Anchor System

用于锚固钻机于地表（或地基）的组合机构。用以平衡钻机运转时的反作用力，防止钻机钻进或回拉时发生偏移。

3.2.11 地锚板/Anchor Plate

用于锚固钻机的钻机桅杆前段的板形组件。

3.2.12 操作台/Operation Desk

用于安装操控钻机各种开关按钮的操控平台。

3.2.13 辅助平台/Auxiliary Platform

用于施工人员进行拧卸钻杆等辅助作业的平台。

3.2.14 水龙头（水心轴）/Water Swivel

用于输送钻进液的高压胶管与回转钻具间连接的专用装置。同义词："水接头"。

3.2.15 夹持器/Clamp Holder

布置在给进机架的前端夹持钻杆的机构，一般分为前夹持器和后夹持器。前夹持器用于夹持孔内钻杆；后夹持器用于夹持欲拧卸得钻杆，并能施加卸开第一扣时的主动力矩。

3.2.16 导向轴承架/Guide Rack

用于导向支持钻杆的，位于夹持器前段的机械机构。

3.2.17 入土角调节机构/Variable-angle Mechanism

用于调整钻机的钻进轴线与地面之间夹角（入土角）的机构。

3.2.18 起塔油缸/Tower Cylinder

用于支起或放下钻机桅杆的油缸。

3.2.19 支撑油缸/Support Cylinder

用于支撑钻机的油缸。

3.2.20 随车吊/Truck Crane

安装于钻机前段的，用于吊钻杆钻具的小型吊车。

3.2.21 全自动钻杆上/下装置/Automatic Drill Pipe up/down Device

平行布置于桅杆旁边的，用于自动补给或储存钻杆的机械机构。

3.2.22 钻进参数仪表/Meter of Drilling Parameters

包括数字显示仪表和模拟指针显示仪表，能准确、直观、实时地反映钻机钻进时的各种功能参数，如总功率表、液压压力、拉力/推力、转速、扭矩、泵压、泵量、动力机参数等。

3.2.23 钻机总功率/Gross Power of Drilling Rig

钻机配备的动力总功率，用于回转、推拉钻杆、泥浆泵送、夹持卸扣等操作的功率之和，反映钻机总体能力的大小。

3.2.24 额定扭矩/Rated Torque

在正常工作环境下，驱动钻具克服孔内及钻头阻力进行持续回转的最大工作能力。

3.2.25 额定回拖力/Rated Drag Force

钻机正常工作状态下，钻机持续转动时所输出的最大轴向拉力。

3.2.26 接地线/接地棒/Ground Rod

插入在土层中的铜棒或黄铜棒。它与钻机架相连，为设备和人员提供足够的接地。

3.2.27 事故处理工具/Fishing Tools

排除孔内事故用的各种工具和器件。

3.2.28 割管器/Drill Pipe Cutter

割断孔内钻杆和套管的工具。

3.2.29 反管器/Backturn Device for Drill String

套在孔口部位的钻杆上，与孔内钻杆螺纹反向旋转，反开孔内事故钻杆用的专用工具。

3.2.30 无线导向系统/Wireless Guide System

测量并采用电磁波传递地下导向钻进工具和钻头位置参数数据的测量仪器系统。由地下探棒、地面跟踪仪和钻机同步显示器等组成。

3.2.31 有线导向系统/Cable Guide System

测量并采用钻杆柱中的电信缆线传递地下导向钻进工具和钻头位置参数数据的测量仪器系统。由钻具测量短节、信号电缆和地面接收仪等组成。

3.2.32 导向仪（定位仪）/Locator

利用安装在探棒盒中的探棒发射出来的电磁波信号，或通过采集地磁方位，通过地表接收装置接收后进行数据处理以确定地下钻头深度、方位等参数的电子仪器。

3.2.33 探棒/Sonde

位于孔底钻头后端，用于检测钻头深度、温度、电源状态、倾角和工具面向角等信息，且以无线方式将信息发送给地表接收仪的棒形电子组件。

3.2.34　有线探棒/Cable Sonde

位于孔底钻头后端，检测钻头深度、温度、电源状态、倾角和工具面向角等信息，且以有线方式发送给地表接收仪的棒形电子组件。

3.2.35　接收仪/Receiver

用于接收并显示孔底探棒发送的钻头深度、温度、电源状态、倾角和工具面向角等信息的仪器。

3.2.36　遥显仪/Remote Displayer

通过无线方式从接收仪接收并显示孔底钻头深度、温度、电源状态、倾角和工具面向角等信息的仪器。

3.2.37　终孔数据检测仪/Final Hole Data Detector

用于检测扩孔后的钻孔轨迹、孔径等数据的仪器。

3.2.38　管道轨迹检测仪/Pipe Track Detector

用于检测已铺设管道的三维轨迹和直径等数据的仪器。

3.2.39　滚轮支撑架/Roller Rack

由支撑板、轴承等构成的，用于回拖时支撑管道的机械装置。可减少回拖阻力，降低对管道表面保护层的破碎等。

3.2.40　助力装置/Power Assisting Device

增加钻机回拖力的辅助机械装置。包括滑轮组或夯管锤等。

3.2.41　滑轮组/Block Pulley

一种由多个动滑轮和定滑轮组装而成的，可省力且能改变用力方向的机械装置。

3.3　钻具钻杆

3.3.1　钻杆/Drilling Pipe

用于连接地表钻机和孔底钻具的尾部带有缧纹的钢管杆件。钻杆须能够承受巨大的内外压、扭曲、弯曲和振动。

3.3.2 钻具/Drilling Tools

为导向钻进、扩孔钻进等目的而配置的仪器和机械工具。

3.3.3 钻杆柱/Drill Pipeline

在钻进过程中钻孔中所包括钻杆、管段、回转接头等的所有组合。钻柱的基本作用是：起下钻头、施加钻压、传递动力、输送钻进液、特殊作业等。

3.3.4 钻头/Bit

用来切削地层岩体的工具。包括导向钻头和扩孔钻头。

3.3.5 导向钻头/Pilot Bit，Drill Bit

位于探棒前端，带有斜面的导向钻进钻头，斜面一般都设计有斜掌板。

3.3.6 斜掌板/Oblique Palm Plate

安装在导向钻头上带切削刀的斜面板，同时可调整导向头的斜面面积以适应不同地层的造斜导向。

3.3.7 无磁探棒保护短节/Probe Sub

位于导向钻头后部，用于安装探棒的一段无磁短接，用于保护接头电磁波发射，同时保护探棒在钻进过程中不受损失。

3.3.8 螺杆钻具/Mud Motor

利用钻进液驱动钻孔前端的内螺杆转子相对于不旋转的钻具外管来转动钻头，联之以弯管短节，实现旋转给进式的导向造斜动力钻具。

3.3.9 定子/Stator

螺杆钻具螺杆副中固定的部件。

3.3.10 转子/Rotor

螺杆钻具螺杆副中转动的部件。

3.3.11 万向节/Universal Joint

螺杆钻具中利用球型等装置以实现不同方向轴的动力输出。

3.3.12 方向短节（弯接头）/Bent Sub

位于钻头后部的一节偏心钻杆接头，一般用于螺杆钻具或双壁钻杆导向钻进，能通过回转钻杆而定位切削头，从而达到导向的目的。

3.3.13 喷浆短节（冲洗管，补浆短节）/Washover Pipe

在长距离导向钻进中，每隔几百米的钻杆中间链接一段带有泥浆水孔的短接，可减少导向钻杆与土层之间的摩擦力，以及有利于泥浆的循环。

3.3.14 扩孔钻头（回扩头、扩孔器）/Back Reamer/Expander

连接在钻杆前端的，用于逐级扩大钻孔直径的钻头。

3.3.15 切削式扩孔钻头/Cutting Reaming Bit/Fly Cutter

以硬质合金或者金刚石颗粒作为切削刃剪切剥削岩土体为主要方式来进行扩孔的钻头，主要适用于中等硬度的地层。

3.3.16 挤压式扩孔钻头/Barrel Reamer

以圆锥面状钻头挤压土体为主要方式来破碎岩土体进行扩孔的钻头，主要适用于软土及松散地层。

3.3.17 流道式扩孔钻头/Flow-type Reamer

外圆面上设置有泥浆流道的扩孔钻头，主要适用于黏性较强的地层。

3.3.18 岩石扩孔钻头/Rock Reamer

适用于岩石扩孔的钻头。

3.3.19 牙轮扩孔钻头/Roller Cone Type Reamer

以牙轮掌围绕心轴公转和自转克取剥蚀为主要方式来破坏岩土体进行扩孔的钻头，主要适用于相对较硬的地层。

3.3.20 分动器/Swivel

连接钻杆回拉接手和扩孔钻头接手，一端转动，一端不转的使铺设管线避免因受到钻机回拉管线时而产生转动扭矩的影响装置。

3.3.21 拉管头/Tubing Head

回拖时，堵住管道不让钻屑和泥浆进入管道内的装置。

3.3.22 管塞/Swab/Bull Plug

扩孔钻进完成后，在清孔或拉管时安装在扩孔头后部，一般与被接管线管径一致的接头，用于圆整孔壁，引导被拉管道。

3.3.23 孔底钻具组合/Bottom Hole Assembly

依据不同的钻进目的，由不同钻头和钻进工具依序构成的组合钻进工具。

3.4 导向孔钻进

3.4.1 导向孔/Pilot Hole

以导向方式钻进的，以一定角度的入土点钻进到水平端，再由水平端尾端点钻进至导向出土点的钻孔。

3.4.2 导向钻孔轨迹/Trajectory of Pilot Hole

由导向钻头行进所形成钻孔的中心连续点轴线。

3.4.3 钻孔弯曲/Bore Curving

钻孔轴线不为直线，而是以变化的俯仰角和（或）方位角所形成的弯曲弧线。

3.4.4 造斜段/Deflecting Segment

钻杆由入土角转为水平及由水平转向出土角的过渡段。

3.4.5 造斜（导向）强度/Steering Intensity

造斜（导向）给进单位长度时钻孔弯曲角度的变化值，单位为°/m。

3.4.6 钻头位置/Bit Location

地下孔内钻头与某一参照点的水平位距离（x，y）和垂直深度（z）。

3.4.7 仰角/Angle of Pitch

钻孔前端钻具的中轴线与水平面之间的夹角，单位度（°），下俯为正，上仰为负。

3.4.8 方位角/Amizuth

钻孔前端钻具的中轴线在水平面上的投影与正北方向之间的夹角，单位为°（度），俯视时顺时针方向为正，逆时针方向为负。

3.4.9 钻具面向角/Tool Face

斜掌板面的法线或弯接头弯曲轴线的指向，在钻具轴线垂直的平面上的投影，按钟表面读数表示其位置，用来调整控制导向造斜的方向。

3.4.10 入土角/Entry Angle

在定向钻进开始，钻头进入地层时，钻杆与水平面之间的夹角。

3.4.11 出土角/Exit Angle

在定向钻进结束，钻头从地层中返出地表时，钻杆与水平面之间的夹角。

3.4.12 随钻测量/Measurement While Drilling（MWD）

在钻进的同时连续不断地检测钻进中的工程参数和地质参数的测量技术。

3.4.13 钻孔要素/Essential Elements of Drill Hole

钻孔具有的结构和尺寸因素。

3.4.14 孔径/Hole Diameter

钻孔横断面的直径。

3.4.15 孔长/Hole Depth

钻孔轴线的长度。

3.4.16 钻进液/Drilling Fluid

水平定向钻进使用的黏土或/和聚合物与水的混合物（泥浆）。钻进液起到辅助切削、降低扭矩、排渣、护壁、冷却、润滑钻具和产品管的作用。有时作为孔底螺杆钻具的动力传输介质。

3.4.17 钻头直径（钻头标准直径）/Bit Diameter

标准钻头的最大直径。

3.4.18 射流切削/Jet Cutting，Jetting

一种使用高压射流来实现土层切削作用的定向钻进或者导向钻孔技术。

3.4.19 顶推钻进/Thrust Boring，Rod Pushing

导向钻进的一种主要造斜钻进操作方式。通过钻机动力头不回转，直接顶推导向钻具，通过探棒盒内探棒电子检测控制导向。

3.4.20 钻进参数/Drilling Parameters

影响钻进速度的可控因素。

3.4.21 钻压（推力、回拉力）/Weight on Bit（WOB），
Bit Pressure

沿钻孔轴线方向对碎岩工具施加的压力，以"F"表示，单位为 kg。

3.4.22 转速/Rotary Speed

单位时间内碎岩工具绕轴线回转的转数，以"n"表示，单位为 r/min。

3.4.23 泵量/Pump Discharge

泥浆泵单位时间输送的泥浆量，以"Q"表示，单位为 L/min。

3.4.24 泵压/Pump Pressure

泥浆在孔内循环时克服各种阻力或孔内钻具所需的压力，以"P"表示。与液柱压力、地层压力、沿程压力损失等有关。

3.4.25 扭矩/Torque

钻进时，钻杆承受的由钻头碎岩阻力和孔内钻杆摩擦阻力产生的力矩。以"T"表示，单位 N·m。

3.5 扩孔和拉管

3.5.1 回扩/Back Reaming

在运用定向钻进设备施工过程中，钻完导向孔后，根据铺设管线的管径及钻机能力，利用扩孔钻头进行回拉或顶推扩孔的施工过程。

3.5.2 回转扩孔/Rotary Reaming

用水平定向钻机回转反拉扩孔钻头，以获得扩大口径的钻孔。

3.5.3 扩孔直径/Diameter of Reamer

扩孔头的最大直径。

3.5.4 多级扩孔/Multiple Reaming

钻杆导向成孔后，由小到大不同口径的扩孔器在导向孔内回转切削，不断扩大口径，最终切削成所需孔径的施工过程。

3.5.5 多级变径/Multi-level Hole Diameters

渐次增大扩孔钻头的直径进行多级逐步扩孔。

3.5.6 终孔直径/Final Hole Diameter

最后一级，即最大一级扩孔直径，要求其略大于被铺管道的外径（一般为欲铺管道外径的 1.2～1.4 倍）。

3.5.7 环空平均流速/Average Velocity in Annular Space

钻杆外壁与钻孔壁之间的环形间隙（环空）中钻井液平均流动速度，与环空横截面积（S）和钻井液泵量（Q）之间关系为：$v=Q/S$。

3.5.8 每转进尺量/Penetration per Revolution

给定钻头每转切入岩石土体中的深度。

3.5.9 超径/Oversize（of hole）

孔壁坍塌或溶蚀造成局部孔段孔径增大的现象。

3.5.10 缩径/Undersize（of hole）

孔壁土体吸水膨胀造成局部孔段孔径缩小的现象。

3.5.11 正循环/Direct Circulation Drilling

携带岩屑的冲洗介质由钻杆与孔壁的环状空间返回地面的钻进技术。

3.5.12 反循环钻进/Reverse Circulation Drilling

携带岩屑的冲洗介质由钻杆内孔返回地面的钻进技术。

3.5.13 泵吸反循环钻进/Suction Pump Reverse Circulation Drilling

利用泵的抽吸力，使钻杆内部液体上升的反循环钻进技术。水平定向钻进岩石时，可采用该钻进方式清孔。

3.5.14 清孔/Washing Hole

扩孔完成后，实施的清理孔内岩屑、岩粉的施工过程。

3.5.15 拉管回拖（回拉）/Pull Back

铺设管线时，将待铺设管线从接收工作坑反方向拉回到起始工作坑的施工过程。

3.5.16 回拖力/Pull Back Force

回拉铺管时，施加在钻杆柱和管道上的拉力。以"N_p"表示。

3.5.17 侧摩阻力/Side Friction

回拖时，管线与孔壁的摩擦阻力。以"N_s"表示。

3.5.18 管端阻力/Pipe-end Resistance

回拖时，工具头前方堆积土对管端产生的阻力。以"N_e"表示。

3.5.19 弯曲阻力/Bend Resistance

回拖时，使管道弯曲力与孔壁的摩擦阻力。以"N_b"表示。

3.5.20 拉管阻力/Drawing Pipeline Resistance

拉管阻力包括土压力与管节自重产生的侧摩阻力、使管道弯曲产生的摩擦弯曲阻力、工具头前方堆积土的管端阻力。以"N_t"表示。

3.5.21 回拖速度/Pull Up Speed

钻具整体在井眼中沿着轨迹轴线被回拖移动的速度。以"v_p"表示。单位为 m/s。

3.5.22 减阻措施/Resistance-Reducing Measures

减少拉管阻力的措施，包括综合控制泥浆压力以平衡相应地层压力；减少泥浆失水量从而防止水敏地层缩径；提高泥浆润滑性减少拖管摩擦阻力；确保孔径圆整性减少管道弯曲等。

3.5.23 允许最大抗拉（压）力/Allowable Maximal Pulling Force (Pressure)

欲铺设成品管子的极限抗拉伸（压缩）破坏力乘以小于 1 的安全系数。

3.5.24 允许最小弯曲半径/Allowable Minimum Bending Radius

欲铺设成品管子的极限抗弯曲断裂和扁椭的最小弯曲半径乘以大于 1 的安全系数。

3.5.25 管线制作/Connecting Pipeline

采用电焊、融焊和插接等方式将管段连接成长管线的施工过程。

3.5.26 引导渠/Guide Canal

为了减少回拖阻力和保护管线外保护层，在管线场地从出土点外延挖出的一条沟渠。

3.5.27 替浆/Mud Displacement

管线回拖铺设完成后，用水泥浆顶替钻孔与管线环状间隙泥浆的施工过程。

3.6 工 程 质 量

3.6.1 设计轨迹/Pipeline Design Trajectory

由设计部门给出的管线穿越轨迹。

3.6.2 竣工轨迹/Pipeline Completion Trajectory

铺管竣工后，采用专用轨迹仪测量出的孔内数据和实际管道轴线轨迹。

3.6.3 扩孔轨迹/Expanded Hole Trajectory

扩孔后，钻孔的实际轴线轨迹。

3.6.4 入土点坐标/Entry Point Coordinates

入土点的绝对坐标。

3.6.5 出土点坐标/Exit Point Coordinates

出土点的绝对坐标。

3.6.6 试通棒，试通球/Testing Rod，Testing Ball

用于测试管道通径大小的试验棒或球形物。

4 顶 管

4.1 一 般 术 语

4.1.1 顶管穿越/Pipe Jacking Crossing

采用顶管方式从障碍物下方铺设管道的施工方法。

4.1.2 微口径顶管（微型隧道顶管）/Micro-tunnelling

采用机械挖掘的顶管方式铺设内径小于 800mm 管道（人员不能进入）的施工方法。

4.1.3 小口径顶管/Small Diameter Pipe Jacking

可以进人作业，施工人员在管道内不能完全直立作业的顶管施工，通常管道内径在大于等于 800mm 至小于 1600mm 之间。

4.1.4 中口径顶管/Medium Diameter Pipe Jacking

可以进人作业，施工人员在管道内可以完全直立作业的顶管施工，通常管道内径在大于等于 1600mm 至小于 2200mm 之间。

4.1.5 大口径顶管/Large Diameter Pipe Jacking

需搭设作业平台，施工人员才能在管道内作业的顶管施工，通常管道内径在大于等于 2200mm 至小于 3600mm 之间。

4.1.6 巨口径顶管/Huge Diameter Pipe Jacking

管道内径超过常规约定的顶管施工，通常管道内径大于等于 3600mm。

4.1.7 单段/Single Segment

自顶进坑开始一次连续顶进铺设的管段。

4.1.8 短距离顶管/Short Distance Pipe Jacking

单段顶进长度 100m 以内的顶管，通常不使用中继间。

4.1.9 中距离顶管/Medium Distance Pipe Jacking

单段顶进长度 100～400m 的顶管，通常使用 1～2 个中继间（中继间布置可根据地质情况设计顶推力而布置）。

4.1.10 长距离顶管/Long Distance Pipe Jacking

单段顶进长度 400~1000m 的顶管，通常使用多个中继间（中继间布置可根据地质情况设计顶推力而布置）。

4.1.11 超长距离顶管/Extra Long Distance Pipe Jacking

单段顶进长度超过 1000m 的顶管，使用多个中继间，通常多个中断间之间进行编组作业。

4.1.12 曲线顶管/Curve Pipe Jacking

管道轴线为曲线的顶管作业。

4.1.13 上坡顶（上水顶）/Uphill Pipe Jacking

顶进过程中管道高程不断增加的顶管作业。

4.1.14 下坡顶（下水顶）/Downhill Pipe Jacking

顶进过程中管道高程不断降低的顶管作业。

4.1.15 双曲线顶管/Double Curve Pipe Jacking

顶进管道轴线由两个曲线段组成的顶管作业。

4.1.16 多曲线顶管/Multi Curve Pipe Jacking

顶进管道轴线由多个曲线段组成的顶管作业。

4.1.17 曲率半径/Radius of Curvature

单段顶进管道轴线弯曲圆弧的半径。

4.1.18 双管并顶/Double Parallel Pipe Jacking

二条管道的轴线相互平行，且管间距较小的顶管作业。

4.1.19 多管并顶/Multi Parallel Pipe Jacking

多条管道的轴线相互平行，且管间距较小的顶管作业。

4.1.20 异形顶管/Special Pipe Jacking

管道横断面为非圆形的顶管作业。

4.1.21 开放式顶管（敞开式顶管）/Open Pipe Jacking

顶管施工中，挖掘面与管道连通，施工人员沿管道能够进入挖掘面的顶进方式。如：手掘式、钻爆式、斗铲式、格栅式、挤压式等。

4.1.22 封闭式顶管/Closed Pipe Jacking

顶管施工中，挖掘面与管道被隔开，施工人员沿管道不能进入挖掘面的顶进方式。如：土压平衡顶管、泥水平衡顶管等。

4.1.23 手掘式顶管（人工顶管，笨顶，土顶）/Manual Pipe Jacking

采用人工挖掘土体的顶管施工方式。

4.1.24 斗铲式顶管/Bucket Shovel Pipe Jacking

采用铲式挖掘机挖掘土体的顶管施工方式。

4.1.25 钻爆式顶管/Drilling and Blasting Pipe Jacking

通过钻孔、装药、爆破方式挖掘岩土的顶管施工方法。

4.1.26 网格式顶管/Grid Pipe Jacking

将管端的挖掘面分成数个小挖掘单元，对每个小单元分别进行土体挖掘的顶管施工方式。

4.1.27 水冲式顶管/Flush Pipe Jacking

使用高压水冲击、破碎土体的顶管施工方式。

4.1.28 挤压式顶管/Extrusion Pipe Jacking

管道前端设计为喇叭口形，顶进时，部分土体进入管内，部分土体推到管外周。

4.1.29 挤密式顶管/Compact Pipe Jacking

管道前端安装管尖，顶入土体的管尖将土体排开、不进行出土作业的顶管施工方式。

4.1.30 机械顶管/Mechanical Pipe Jacking

采用机械挖掘土体的顶管施工方式。

4.1.31 自然平衡/Natural Balancing

挖掘工作面的土体在自然条件下保持稳定状态。

4.1.32 气压平衡/Air Pressure Balancing

向挖掘面充入气体，以气体压力维持挖掘面土体稳定的平衡方法。

4.1.33 土压平衡/Earth Pressure Balancing

在挖掘面堆积渣土，以渣土压力维持挖掘面土体稳定的平衡方法。

4.1.34 泥水平衡/Slurry Balancing

向泥水舱压入泥水，以泥水压力维持挖掘面土体稳定的平衡方法。

4.1.35 管道前部/The Front of Pipeline

顶管挖掘面所在的方向。

4.1.36 管道后部/The Back of Pipeline

顶管时顶进坑所在的方向。

4.1.37 覆土深度（管顶覆土）/Cover Depth

管外顶到路面或自然地面的距离。

4.1.38 顶管操作员（顶管操作工、机手）/Operator

顶管施工中，操控顶管掘进机与顶进设备的专业技术工人。

4.1.39 井下工/Underground Worker

在工作坑内，从事拆接电缆、拆接管道、开闭阀门、运输土方等工序的专业技术工人。

4.1.40 井上工/Surface Worker

在地表，从事卸管、下管、拌浆、注浆等工序的专业技术工人。

4.2 顶管设备仪器

4.2.1 掘进机/Boring Machine

在地下进行土体挖掘作业的设备。

4.2.2 隧道掘进机/Tunnel Boring Machine，TBM

利用机械破碎土体、挖掘地下隧道的设备。

4.2.3 全断面隧道掘进机/Full-face Tunnel Boring Machine，TBM

利用旋转刀盘对整个工作面土体进行破碎作业的隧道掘进机。

4.2.4 微型隧道掘进机/Microtunnel Boring Machine，（MT-BM）

以顶管方式铺设微口径管道的掘进机，通常管道内径小于 800mm。

4.2.5 工具管（工具头）/Tool Pipe

安装于顶进管道最前端，施工人员在内进行挖掘作业的一段管道，通常在手掘式顶管中使用。

4.2.6 顶管机（顶管掘进机）/Jacking Machine

安装在顶进管道的最前端，能进行机械挖掘、排土、导向、纠偏等作业的机械设备，结合后方顶推装置进行管道铺设施工。

4.2.7 土压平衡顶管机（土压平衡机头）/Earth Pressure Balance Boring Machine

利用堆积在土舱内的渣土产生的压力平衡地下水压力和土压力，保持挖掘面稳定的顶管掘进机。

4.2.8 泥水平衡顶管机（泥水平衡机头）/Slurry Balance Boring Machine

向泥水舱内压入适量泥水，利用泥水压力平衡地下水压力和土压力，保持挖掘面稳定的顶管掘进机。

4.2.9 气压平衡顶管机（气压平衡机头）/Air Pressure Balance Boring Machine

向挖掘面充入气体，利用气体压力平衡地下水压力和土压力，保持挖掘面稳定的顶管掘进机。

4.2.10 主顶操纵台（主顶操作台、后方操作台）/Main Jacking Operation Desk

控制主顶油泵、主顶油缸动作的平台。

4.2.11 掘进机操纵台（掘进机操作台）/Tunneling Machine Operation Desk

控制掘进机运行的平台。

4.2.12 激光指向仪/Laser Direction Indicator

能发射激光束、并能对激光束进行精确定向的仪器，顶管施工中用于指示管道的前进方向。

4.2.13 激光经纬仪/Laser Theodolite

能发射激光束的经纬仪，利用激光束为顶管施工指示管道的前进方向。

4.2.14 指向仪支架/Direction Indicator Holder

顶进坑内，用于稳定激光指向仪的装置。

4.2.15　经纬仪支架/Theodolite Holder

顶进坑内，用于稳定激光经纬仪的装置。

4.2.16　通风机/Ventilator

向施工的有限空间输入新鲜空气的动力机械。

4.2.17　通风管道（通风管）/Ventilating Duct

向施工的有限空间输送新鲜空气的管道。

4.3　顶管工作坑

4.3.1　顶进坑（顶进井、始发坑、始发井、出发井、出发坑、主坑）/Starting Jacking Pit

在地表开挖的，用于安装顶管施工设备、进行顶管施工操作的临时构筑物。

4.3.2　接收坑（接收井、接受坑、接受井、目标坑、目标井、副坑）/Arriving Pit/Reception Pit

在地表开挖的，用于回收顶管掘进机（工具管）的临时构筑物。

4.3.3　止水墙（封墙）/Waterproof Wall

用于安装洞口止水圈的墙壁。

4.3.4　封门/Sealed Door

顶进坑或接收坑止水墙上供掘进机（工具管）通过的处于封闭状态的孔洞。

4.3.5　顶进坑封门（发射封堵）/Sealed Door of Jacking Pit

顶进坑止水墙上，供掘进机（工具管）通过的处于封闭状态的孔洞。

4.3.6　开洞（开洞口、开洞门）/Opening

将封门打开的过程。

4.3.7　穿墙管/Through-wall Pipe

安装于洞口的一节特殊短管，掘进机（工具管）和管材从短管内穿过，以达到进、出洞的目的。

4.3.8 洞口（龙门口、马头门、穿墙孔）/Passage Hole for Pipe Jacking

掘进机（工具管）从顶进坑进入土体或从土体进入接收坑所通过的孔洞。

4.3.9 进洞口/Entering Hole

掘进机（工具管）从顶进坑进入土体的孔洞。

4.3.10 出洞口（接收孔）/Exiting Hole

掘进机（工具管）从土体进入接收坑的孔洞。

4.3.11 进洞（入洞）/Entering

掘进机（工具管）或管道从顶进坑进入土体的施工过程。

4.3.12 出洞/Exiting

掘进机（工具管）或管道从土体进入接收坑的施工过程。

4.3.13 洞口止水圈（洞口止水环、止水圈、止水环）/Sealing Ring of Passage Hole

在洞口处，阻挡地下水、泥浆沿掘进机（工具管）或管道外壁进入工作坑的装置。

4.3.14 止水橡胶圈（止水橡胶板、洞口橡胶板）/Sealing Rubber Ring

洞口止水圈上的环形橡胶板，可以封闭洞口与掘进机（工具管）或管道之间的缝隙。

4.3.15 底圈（底板）/Pressing Plate

安装于洞口止水橡胶圈底部的钢板。

4.3.16 基坑导轨（导轨，坑内导轨）/Guide Rail, Guide Track

安装在顶进坑底板之上，有支承掘进机、顶进初始导向、管节拼接作用的平台。

4.3.17 延伸导轨/Extension Rail

安装于进洞口内的装置，用于支承掘进机（工具管）、防止掘进机（工具管）进洞后低头。

4.3.18 复合导轨/Composite Rail

基坑导轨的一种，掘进机或管道与导轨的接触面同顶铁与导轨的接触面不重合。

4.3.19 接收导轨（支承导轨、支承平台）/Receiving Rail

安装于接收坑底板上，用于承托出洞掘进机（工具管）的支架。

4.3.20 导轨制动器/Track Brake

限制基坑导轨发生位移的机械装置。

4.3.21 轨距/Distance of Track

基坑导轨的二根钢轨间的净距离。

4.3.22 预抬量/Elevation in Advance

为了解决掘进机（工具管）进入土体后出现的低偏现象，在安装基坑导轨时预先增加安装高程的数值。

4.3.23 主动土压力/Active Earth Pressure

挡土结构在土体作用下发生移动，土体的应力达到极限平衡状态时，土体施于挡土结构上的压力。

4.3.24 被动土压力/Passive Earth Pressure

挡土结构在外力作用下向土体方向移动，土体的应力达到极限平衡状态时，挡土结构施于土体的压力。

4.3.25 静止土压力/Earth Pressure at Rest

挡土结构不发生任何方向的位移时，土体施于挡土结构上的压力。

4.3.26 后背总成/Jacking Base Assembly

顶进坑的主顶油缸后部承受主顶油缸反作用力的所有设施，包括：后背土、后背墙、混凝土后背、钢后背等。

4.3.27 后背（后座）/Jacking Base

用于传递、分散主顶油缸反作用力，位于顶进坑主顶油缸与后背墙之间的构件。

4.3.28 后背承载力/Bearing Capacity of Jacking Base

后背可承受顶进反方向的最大压力。

4.3.29 后背土（天然后背、天然后背墙）/Reaction Soil

承受主顶油缸反作用力的土体。

4.3.30 后背墙（后座墙、后靠墙、反力墙）/Reaction Wall

承受主顶油缸反作用力的顶进坑墙体。

4.3.31 混凝土后背/Concrete Sacking Base

为了扩大后背墙的承力面积，使用钢筋混凝土在顶进坑后背墙前制作的墙体。

4.3.32 后背（钢后背）铁/Steel Plate of Jacking Base

安装在主顶油缸与后背墙或混凝土后背之间，用于扩大后背墙承力面积的钢构件。

4.3.33 整体式后背/Integrated Jacking Base

不需现场拼装或拆解的后背。通常形式有钢后背、混凝土后背。

4.3.34 装配式后背（组合式后背）/Fabricated Jacking Base

采用钢材、木材在顶进坑内现场制作、拼装形成的主顶油缸承力墙体。

4.3.35 立铁/Vertical Steel Plate

装配式后背的构件，插入顶进坑底板以下、垂直于地面的数根平行排列的型钢构件。

4.3.36 横铁/Horizontal Steel Plate

装配式后背的构件，直接与主顶油缸尾部接触，横向水平排列在立铁前的数根型钢构件。

4.3.37 压缩式后背/Compression-type Jacking Base

利用物体被压缩后产生反作用支承力的原理制作的后背，通常利用土抗力、使用天然土制作后背。

4.3.38 拖拉式后背/Drag & Drop Jacking Base

除土抗力外，还利用土与构筑物基础间的摩阻力和抗剪力作为支承力的原理而制作的后背。

4.3.39 重力式后背/Gravity Type Jacking Base

采用块石砌筑后背墙，除土抗力、摩阻力和抗剪力外，还利用石块堆积产生的重力支承主顶油缸的反作用力。

4.3.40 后背垂直度/Perpendicularity of Jacking Base

后背平面的垂直程度。

4.3.41 后背水平扭转度/Horizontal Torsional Strength of Jacking Base

后背平面与垂直于顶进轴线平面的吻合程度。

4.3.42 进坑（入坑、下坑）/Moving into Pit

将掘进机（工具管）或管材从地面移入顶进坑的施工过程。

4.3.43 出坑/Moving out Pit

将掘进机（工具管）从接收坑内移到地面的施工过程。

4.4 挖 掘 作 业

4.4.1 人工掘进（手掘）/Manul Excavation

采用人工挖土的施工方法。

4.4.2 机械掘进/Mechanized Excavation

采用机械挖土的施工方法。

4.4.3 挖掘面（工作面、开挖面、开挖端面、掌子面、作业面）/Working Plane

顶管或隧道施工时，正在进行掘土作业的土体端面。

4.4.4 刃口（切削刃口）/Cutting Edge

工具管前端切入土体的楔形钢板。

4.4.5 刀盘/Cutter Head

位于顶管掘进机最前端，可以旋转、破碎土体的钢构件。

4.4.6 刀盘右转/Right Turn of Cutter Head

从掘进机后方向前观察，掘进机刀盘顺时针转动。

4.4.7 刀盘左转/Left Turn of Cutter Head

从掘进机后方向前观察，掘进机刀盘逆时针转动。

4.4.8 开口/Head Aperture

刀盘上的窗口，渣土通过这些窗口进入掘进机的土舱（泥水舱）。

4.4.9 开口率/Head Aperture Ratio

刀盘开口的面积与顶管掘进机横截面面积的比值。"用 R_A"

表示。

4.4.10 面板式刀盘（平板刀盘）/Panel-type Cutter Head

顶管机前端安装有刀具的圆盘状钢构件，开口率较小，通常小于30%。

4.4.11 辐条式刀盘/Spoke-type Cutter Head

由辐条和布设在辐条上的刀具组成。刀具布置在辐条的两侧，一般不布置滚刀，开口率较大，通常大于70%。

4.4.12 辐板式刀盘（旋臂式刀盘）/Convergent Plate Cutter Head

兼有面板式和辐条式刀盘的特点，由较宽的辐条和小块幅板组成，刀具分别布置在宽辐条的两侧和内部，开口率通常在30%～70%之间。

4.4.13 刀（刀具、切削刀）/Cutter

安装在刀盘上，用于破碎土体的构件，包括刀头及刀座。

4.4.14 刮刀（平刀）/Plane Cutter

刀头与刀盘没有相对运动，刀盘运动时，刀头随刀盘运动平推破碎土体的刀具。

4.4.15 滚刀/Hobbing Cutter

刀头与刀盘有相对运动，刀盘运动时，刀头可单独旋转破碎土体的刀具。

4.4.16 刀头/Cutter Bit

安装在刀座前端，破碎土体的刃具，通常由硬质合金制成。

4.4.17 刀座/Cutter Holder

安装在刀盘上，用于固定刀头的底座。

4.4.18 边缘刀/Edge Cutter

位于顶管掘进机刀盘外缘的切土刀具。

4.4.19 中心刀/Central Cutter

位于顶管掘进机刀盘中心部位的切土刀具。

4.4.20 搅拌棒（刮板、刮刀）/Stirrer

土舱（泥水舱）内用于清理、疏导、搅拌渣土（泥水）的钢板，安装在刀盘内侧，随刀盘同步旋转。

4.4.21　格栅/Grid

开放式顶管中，使用钢板将开挖面分割成的多个小挖掘单元。

4.4.22　泥水舱格栅/Gird of Mud Tank

泥水掘进机内，安装于泥水舱的进口处，用于阻挡、分割土块的条形板。

4.4.23　隔舱板（压力墙、闷板）/Shifting Board

设置于封闭式顶管掘进机内，将土舱或泥水舱与掘进机内部隔离的钢板。

4.4.24　泥水舱（泥浆室）/Slurry Chamber

位于泥水平衡掘进机切削刀盘后部的空间。渣土在泥水舱内与泥水混合，等待被排送到地表。

4.4.25　土舱/Soil Chamber

位于土压平衡掘进机切削刀盘后部的空间，容纳挖掘下来的渣土，等待排出。

4.4.26　破碎舱/Crushing Chamber

位于卵石（岩石）破碎顶管机切削刀盘后部的空间，较大的卵石、岩块堆积在舱内，逐渐被破碎成较小的岩块、卵石。

4.4.27　泥水舱压力/Slurry Chamber Pressure

泥水平衡掘进机泥水舱内的泥水混合物产生的压力。

4.4.28　土舱压力/Soil Chamber Pressure

土压平衡掘进机土舱内的渣土堆积产生的压力。

4.4.29　纠偏油缸（导向油缸）/Correct Cylinder

设置在顶管掘进机前节与后节之间，连接顶管掘进机前节与后节，控制掘进机前进方向的液压油缸。

4.4.30　掘进机（工具管）就位/Tunneling Machine in Position

正式开始顶进作业前，将掘进机（工具管）安放在基坑导轨上的工作过程。

4.4.31　主轴密封系统/Main Shaft Seal System

防止泥沙与地下水沿主轴进入掘进机内部的装置。

4.5 顶 进 作 业

4.5.1 顶进/Jacking

使用顶推设备，向土体内推入管道的施工过程。

4.5.2 顶力（顶进力、推力、顶推力）/Jacking Force

顶管施工中，施加在管道轴向上的力，是推动管道前进的动力，用"F_p"表示。

4.5.3 设计顶力（预计顶力、估算顶力）/Design Jacking Force

顶管施工前，通过综合分析预测管道贯通所需的总顶力值。

4.5.4 摩擦阻力（摩阻力、表面摩擦阻力）/Friction Force

管道推进时，管道外表面与土体之间摩擦产生的阻力。用"N_f"。

4.5.5 迎面阻力/Frontal Resistance

顶进时，掘进机或工具管承受的压阻力。用"N_0"表示。

4.5.6 初顶（初始顶进）/Initial Jacking

管道顶进的最初阶段，通常包括掘进机（工具管）入洞、连接机头管的施工过程。

4.5.7 正常顶进（中顶）/Normal Jacking

顶管中，不包括初顶、终顶的顶进作业过程。

4.5.8 终顶（到达顶进）/Arrival Jacking

管道顶进的最后阶段，包括掘进机（工具管）出洞准备、出洞、顶进到位等作业过程。

4.5.9 机头管/Head Pipe

位于顶管管道前端，使用连接件与掘进机（工具管）连接在一起的数节管道。

4.5.10 适配环（铰接管、铰接环、连接管、转接环）/Adapter Ring

连接掘进机（工具管）与第一节管道的预制钢环，能密封掘进机（工具管）与第一节管段之间的间隙。

4.5.11 止退机构/Retaining Mechanism

位于顶进坑内，防止已进洞管道后退的装置。

4.5.12 防旋卡板（防转卡板）/Preventing Rotation Locking Plate
防止掘进机（工具管）进洞后发生旋转，临时安装于掘进机（工具管）壳体外侧的钢板。

4.5.13 下管/Running Pipe
顶管施工中，将管节从地面安放到顶进坑基坑导轨上的作业过程。

4.5.14 对口（组对、撞口）/Pipe Connection
将相邻二节管道的管头与管尾连接起来的作业过程。

4.5.15 对顶/Opposite Pipe Jacking
由二个顶进坑相向顶进至同一个接收坑的顶管施工过程。

4.5.16 对接/Joint Pipe Jacking
由二个顶进坑相向顶进，并在地下汇合（无接收坑）的顶管施工过程。

4.5.17 顶镐/Jack
能提供巨大推力的设备，通常水平放置使用。

4.5.18 液压油缸（液压千斤顶、液压顶镐、油缸）/Hydro Cylinder
使用液压驱动的顶镐或千斤顶，通常包括套筒及活塞二大部件。

4.5.19 主顶/Main Jacking
安装在顶进坑内、推动管道前进的机械，包括主顶油泵及主顶泵站等。

4.5.20 液压泵站（油泵，液压站）/Hydraulic Power Station
为液压油缸的运动提供液压动力的装置。

4.5.21 主顶泵站（主顶站、主顶液压泵站、主顶液压站）/Main Jacking Power Station
设置在顶进坑，为主顶油缸提供液压动力的装置。

4.5.22 主顶油缸（主顶顶镐、主顶千斤顶）/Main Jacking Cylinder

安装在顶进坑内、位于管道尾部的机械，能提供管道前进的推力。

4.5.23 油缸支架（顶镐支架、主顶支架、主顶架）/Jack Support

将多支油缸组合在一起的钢架。

4.5.24 中继间（中继顶、中继间顶、中继站顶）/Intermediate Jacking Station

在推进中的两节管道间布置的顶进装置，为中继间前端的管道提供推力。

4.5.25 中继顶管法/Intermediate Jacking Method

为到达长距离顶管目的，设立中继间将整条管道分段顶进的顶管方法。

4.5.26 中继间管（中继站管）/Inter Jack Pipes

在顶进的管道中，用于安装中继间设备的一段管道。

4.5.27 中继站（中继间泵站、中断间液压站）/Intermediate Jacking Station，IJS

设置在中继间管内，为中继间液压油缸的运动提供液压动力的装置。

4.5.28 中继间油缸（中继间千斤顶、中继间顶镐）/IJS Jack

设置在中继间管内，能提供管道前进推力的机械。

4.5.29 启动中继间（启用中继间）/Launching IJS

使用中继间油缸推动管道前进的操作。

4.5.30 中继间闭合（中继间合拢）/Closing IJS

拆除中继间油缸，并将中继间管的前节、后节合拢在一起的操作过程。

4.5.31 顶铁/Jacking Iron Set

安装于管道与主顶千斤顶之间的钢构件，起到传递或分散顶力的作用，包括：护口铁、U 形或 n 形顶铁。

4.5.32 护口铁（顶环、顶轮、承压环、均压环、环形顶铁、O 形顶铁）/Thrust Ring

安装在顶进管道尾部的钢构件，可将主顶油缸的推力均匀地分散到管材端面上，起到保护管材的作用。

4.5.33 元宝铁/V-block Iron Set

安装在顶进管道尾部的半环形的钢构件，可将主顶油缸的推力均匀地分散到管材端面上，达到保护管材的目的。

4.5.34 n形顶铁（马蹄型顶铁）/n Shape Iron Set

为弥补管节长度与主顶油缸行程之间的不足而加设的钢构件，可将主顶油缸的推力传递到管道尾部，其开口向下，便于输泥管的布置，在泥水平衡顶管中使用。

4.5.35 U形顶铁（弧型顶铁）/U Shape Iron Set

为弥补管节长度与主顶油缸行程之间的不足而加设的钢构件，可将主顶油缸的推力传递到管道尾部，其开口向上，便于土车的垂直运输，在土压平衡顶管中使用。

4.5.36 直铁/Straight Iron Set

为弥补管节长度与主顶油缸行程之间的不足而加设的长柱状钢构件，可将主顶油缸的推力传递到管道尾部，多在手掘式顶管中使用。

4.5.37 管间垫圈（缓冲垫、缓冲板、垫圈）/Buffer Plate

安装于相邻管节端面上的环形木板或橡胶板，顶进过程中起到保护管口的作用。

4.5.38 管间止水圈（止水胶圈、密封圈、胶圈）/Sealing Ring

安装于管材接口处的环形橡胶圈，有密闭管口的作用，可以阻挡地下水、泥浆流入管内，常见型式有楔型、鹰嘴型等。

4.5.39 背土/Back Soil

顶进作业时，随着管节向前移动、或有移动趋势的管外顶上部的土体。

4.5.40 闷顶/Jacking without Discharging Soil

不进行排土作业的顶进操作。

4.5.41 欠压顶进（负压顶进）/Negative Pressure Jacking

土舱或泥水舱内压力低于工作面土压力与水压力之和的顶进

操作。

4.5.42 抱管/Pipe Holden

顶进管道的周边土体挤压顶进管道，产生顶力增大的现象。

4.5.43 抱死/Locking

发生抱管时，管道前进所需的顶力超过现场提供的最大顶力的现象。

4.5.44 垂直运输/Vertical Transportation

顶管施工中，实现工作坑内与地面之间的物品输送，主要为下管、出土、加装顶铁等作业。

4.5.45 贯通/Pass-through

顶进的管道到达并进入接收坑的状态。

4.5.46 超挖/Overcut，Over Excavation

挖掘面尺寸大于设计断面的现象，或实际开挖长度超过结构或管端的现象。

4.5.47 径向超挖/Radial Overcut

挖掘面尺寸大于设计断面的现象。

4.5.48 轴向超挖/Axial Overcut

敞开式顶管施工时，实际开挖长度超过结构或管端的现象。

4.5.49 错口（错台）/Dislocation

相邻管节的管口间出现台阶的现象。

4.6 输土与润滑

4.6.1 排土/Dumping

将渣土从挖掘面输送到顶进管道内的过程。

4.6.2 排土系统/Dumping System

将挖掘面的渣土输送到顶进管道内的装置。

4.6.3 渣土（弃土）/Waste soil

顶管施工中，挖掘破碎的土体。

4.6.4 渣浆（弃浆）/Slurry

含渣土的泥浆。

4.6.5 出土（输土）/Excavating Soil

将渣土由开挖面输送到地面存土区的过程。

4.6.6 出土率/Excavating Soil Ratio

排出的土体体积与挖掘的土体体积的百分比。用表示"R_E"。

4.6.7 输送浆（工作浆、循环浆）/Conveying Mud

采用泥水方式输送渣土时，携带、输送渣土的泥浆。

4.6.8 泥水输送系统/Slurry Conveying System

渣土与泥水混合形成泥浆、将泥浆运输到地面、再将泥水与渣土分离的所有装置。

4.6.9 泥水混合器/Slurry Mixer

混合渣土与泥浆的装置。

4.6.10 泥水分离（泥浆分离）/Slurry Separation

渣土与输送泥浆分离的过程。

4.6.11 泥浆分离器（泥浆净化装置）/Slurry Separator

将渣土从输送浆中分离的装置。

4.6.12 进、排泥管（输泥管、输浆管）/Mud Inlet/Outlet Pipeline

将泥水自地面输送到掘进机前端的泥水舱，或将渣土与泥水混合后的泥浆从掘进机前端泥水舱输送到地面的管道。

4.6.13 进泥管（进浆管、进水管）/Inflowing Pipeline

将泥水自地面输送到掘进机前端泥水舱的管道。

4.6.14 排泥管（排泥管、排浆管、排渣管）/Outflowing Pipeline

将渣土与泥水混合后的泥浆从掘进机前端泥水舱输送到地面的管道。

4.6.15 立管/Stand Pipe

进、排泥管或其他管道由顶进坑内到地面的垂直部分。

4.6.16 进泥压力/Inflowing Pressure

进泥管内的泥水压力值。

4.6.17 排泥压力/Outflowing Pressure

排泥管内的泥水压力值。

4.6.18 进泥泵/Inflowing Pump

为了输送渣土，将泥水自地面通过管道输送到掘进机前端泥水舱的泵。

4.6.19 排泥泵/Discharge Slurry Pump

为了输送渣土，将渣土与泥水混合后的泥浆自掘进机泥水舱输送到地面的泵。

4.6.20 旁通系统（旁通）/Bypass System

实现进泥、排泥管间相互切换的装置，通常由管道、阀门、压力表等组成。

4.6.21 旁通管/Bypass Pipe

设置在进水管、排泥管的主管道旁侧，与主管道并联的管道。

4.6.22 旁通阀/Bypass Valve

安装在旁通系统中的阀门。

4.6.23 旁通泵/Bypass Pump

为了驱动旁通系统中泥水、泥浆而设置的泵。

4.6.24 外循环（大循环）/Outer Circulation

输送泥浆通过进泥管进入掘进机泥水舱，再从泥水舱进入排泥管的过程。

4.6.25 内循环（小循环）/Inner Circulation

输送泥浆不经过掘进机泥水舱，由进泥管经过机内旁通的转换直接进入排泥管的过程。

4.6.26 机内旁通（机内、机外循环系统）/Inside Bypass

安装在掘进机内部的装置，用于转换输送泥浆的通道，可将内循环转为外循环，或将外循环转换成内循环。

4.6.27 机外旁通（井内旁通）/Outside Bypass

安装于掘进机外，通常在顶进坑内，可将进泥管转换为排泥管，同时将排泥管转换为进泥管的装置。

4.6.28 泥浆沉淀池（泥水沉降池、泥浆池、沉淀池）/Mud

Settling Pond

分离渣土与泥水的池子，输送渣土的泥浆通过排泥管排入池中，在池中泥浆沉淀分离成为泥水与渣土。

4.6.29 螺旋输土机（出土搅龙、搅龙）/Conveying Soil Screw Machine

土压平衡顶管掘进机中，将土舱内的渣土排入到顶进管道内部的机械，由套筒及套筒内可旋转的叶片组成。

4.6.30 无轴搅龙/Shaftless Conveying Soil Screw Machine
螺旋输土机的旋转叶片围绕一个空心轴排列。

4.6.31 有轴搅龙/Conveying Soil Screw Machine
螺旋输土机的旋转叶片围绕一根钢制圆柱排列，这个圆柱即为螺旋输土机的轴。

4.6.32 搅龙闸门/Gate of Conveying Soil Screw Machine
安装于螺旋输土机出土口位置的闸门。

4.6.33 下出土搅龙/Down Discharged Conveying Soil Screw Machine
螺旋输土机的出土口设置在套筒的侧壁上，开口向下。

4.6.34 后出土搅龙/Back Discharged Conveying Soil Screw Machine
螺旋输土机的出土口设置在套筒尾部的端面上。

4.6.35 土斗/Dipper
顶进管道内装运渣土的容器。

4.6.36 土车/Hauling Unit
顶进管道内运送土斗的小车。

4.6.37 管内导轨（土车导轨）/Inner Rail
为土车在管内方便移动而设置的轨道。

4.6.38 渣土泵（土砂泵）/Muck Pump
通过管道输送方式运输渣土时，推动渣土在管道内移动的动力装置。

4.6.39 塞土/Squeezed Soil
采用挤压式顶管时，被挤入前端管道内的土体。

4.6.40 土体改良/Soil Modification
改变土体物理性质的过程。

4.6.41 改良浆（土体改良浆）/Modified Mud
可以改变土体物理性质的泥浆。

4.6.42 减阻浆（触变泥浆、润滑浆、减摩浆）/Drag Reduction Mud
可以减小顶进管道外壁与土体间摩擦系数的泥浆。

4.6.43 支承浆/Supporting Mud
为了支承顶进管道周边土体稳定，向管外壁注入的泥浆，这些泥浆可以填充土间空隙。

4.6.44 固结浆/Concretion Mud
为弥补顶管时的土体损失、保持土体长期稳定而向土体中注入的泥浆，其可填充土间空隙、并将土体颗粒以及土体与管外壁相互胶结起来。

4.6.45 注浆泵/Grouting Pump
将泥浆输送到指定部位的动力装置。

4.6.46 注浆管/Grouting Pipeline
将泥浆从贮浆罐输送到指定部位的管道。

4.6.47 注浆主管/Grouting Main Line
直接与注浆泵连通的注浆管。

4.6.48 注浆分管/Grouting Branch Line
在顶进管道内，连接注浆主管道与注浆孔的支线管道。

4.6.49 管外壁（管周）/External Wall of Pipe
顶进管道的外表面。

4.6.50 注浆孔/Grouting Hole
设在顶进管道管壁上的孔洞，通过这些孔洞可以向顶进管道的外壁注浆。

4.6.51 单向阀（止回阀）/One-way Valve
安装在顶进管道注浆孔内的部件，可使浆液只向管外单方向流动。

4.6.52 浆套/Mud Cover

顶进管道的外壁全部充满了泥浆，泥浆将管道整体包裹起来，这层泥浆称为浆套。

4.6.53 漏浆/Leakage of Mud

在顶管过程中，泥浆出现泄漏的现象。

4.6.54 管缝漏浆/Pipe Seam Leaking

浆液从铺设的管道接口处流入管道内部的现象。

4.6.55 止水圈漏浆/Waterproof Ring Leaking

浆液或地下水通过洞口止水圈流入到工作坑内的现象。

4.6.56 泥浆置换/Mud Replacement

在管道贯通后，通过注浆孔向管外壁压入固结浆，并将管外壁润滑泥浆挤入管道内的过程。

4.7 监 控 测 量

4.7.1 遥控系统/Remote Control System

用于远程监视和远程操纵掘进机的装置，可实现数据远程传输、控向等功能。

4.7.2 智能控向系统/Intelligent Steering System

顶进过程中，可实现自动数据传输、自动控向等功能的装置。

4.7.3 导向系统（定位系统）/Guidance System

确认掘进机的空间位置、状态以及掘进方向的装置。

4.7.4 光靶/Light Target

激光投射的面板，面板上画有平面坐标，以激光点的位置确定顶进方向。

4.7.5 激光点（光点）/Light Dot

激光投射到光靶上形成的光斑。

4.7.6 指向靶/Directional Light Target

用于指示掘进机现在位置及前进方向的光靶，通常激光器安装在顶进坑内，激光向掘进机方向照射。

4.7.7 纠偏靶/Correcting Light Target

用于指示掘进机纠偏状态的光靶，通常激光器安装在掘进机前节内，激光向掘进机尾部照射。

4.7.8 纠偏/Correcting

顶管施工过程中，发现顶进方向偏离设计方向时，通过改变掘进机（工具管）的挖掘方向与前进方向，以改变整条顶进管道行进路线，使其接近设计方向的作业过程。

4.7.9 纠偏状态/Correcting State

顶管施工纠偏操作中，掘进机（工具管）处于调整行进方向时的状态。使用油缸纠偏时，特指纠偏油缸的行程不相等时的状态。

4.7.10 纠偏动作/Correcting Action

顶管施工纠偏所采取的操作。使用油缸纠偏时，特指调整纠偏油缸，使纠偏油缸伸出的长度不相等的操作。

4.7.11 停止纠偏/Stop Correcting

结束顶管施工的纠偏操作。使用油缸纠偏时，特指将所有纠偏油缸调整到伸出长度相等时的操作。

4.7.12 纠偏程序/Correcting Procedure

顶管施工中，为了纠偏所制定的纠偏操作顺序。

4.7.13 纠偏方法/Correcting Method

顶管施工中，为了进行纠偏而采取的有效措施。

4.7.14 贯通测量/Pass-through Survey

顶管贯通以后，检查管道的中线偏差、高程偏差和错口的测量。

4.7.15 纠偏段/Correcting Segment

顶管施工中，处于纠偏操作、前进方向发生变化的管段。

4.7.16 起纠点/Starting Correcting Point

顶管过程中，开始纠偏操作时掘进机刀盘（工具管）前端所处的位置。

4.7.17 停纠点/Stopping Correcting Point

顶管过程中，停止纠偏操作时掘进机刀盘（工具管）前端所处的位置。

4.7.18 反纠/Reverse Correcting

顶管纠偏过程中，改变方向，使掘进机（工具管）向相反方向行进的操作。

4.7.19 反纠点/Reverse Correcting Point

顶管纠偏过程中，实施反纠时，掘进机刀盘（工具管）前端所处的位置。

4.7.20 勤纠/Frequently Correcting

顶进施工中，较短时间内或较短的顶进距离内，多次采取纠偏操作的措施。

4.7.21 微纠/Slightly Correcting

顶进纠偏时，顶进管道偏差调整幅度较小的纠偏措施。

4.7.22 动态纠/Dynamically Correcting

在挖掘或管道推进的同时进行纠偏操作的措施。

4.7.23 叩头（磕头、低头）/ Head Drop of Boring Machine

掘进机（工具管）入洞后，掘进机（工具管）前端出现下偏的现象。

4.7.24 掘进机倾斜/Boring Machine Tilting

顶进过程中，掘进机（工具管）轴线与设计轴线在垂直面上的投影出现不平行的现象。

4.7.25 掘进机旋转（机头旋转、顶管机旋转）/Boring Machine Rotation

掘进机（工具管）绕着中心轴发生转动的现象。

4.7.26 右旋/Right-handed Rotation

从掘进机（工具管）后方向前观察，掘进机（工具管）出现顺时针旋转的现象。

4.7.27 左旋/Left-handed Rotation

从掘进机（工具管）后方向前观察，掘进机（工具管）出现逆时针旋转的现象。

4.7.28 纠扭/Torsion Correction
    将掘进机由旋转状态调整到不旋转状态的操作。

4.7.29 隆起/Swelling
    地面、管道或者是其他设施发生高程增加的变形现象。

4.7.30 沉降/Settlement
    地面、管道或者是其他设施发生高程减小的变形现象。

4.7.31 地面隆起（地表隆起）/Surface Swelling
    地面发生高程增加的变形现象。

4.7.32 地面沉降（地表沉降）/Surface Settlement
    地面发生高程减小的变形现象。

4.7.33 预估变形/Forecast Deformation
    施工前，对可能出现地面变形的分布形态、变形范围、变形最大值等做出预测的行为。

4.7.34 沉降槽/Settlement Groove
    顶管施工时，在地表出现的沿管道轴线对称分布的下凹形沉降区。

4.7.35 工作坑周边环境/Surroundings Around Working Pit
    工作坑开挖影响范围内的既有建（构）筑物、道路、地下设施、地下管线、岩土体及地下水体等的统称。

4.7.36 工作坑监测/Pit Monitoring
    在工作坑施工及使用期内，对工作坑及周边环境实施的检查、测量工作。

4.7.37 顶管监测/Pipe Jacking Monitoring
    在顶管施工及顶管施工后一定期限内，对顶进过程、顶进管道、周边环境实施的检查、测量工作。

4.7.38 监测点（监控点）/Monitoring Point
    直接或间接设置在被监测对象上能反映其变化特征的观测点。

4.7.39 监测频率（监控频率）/Frequency of Monitoring
    单位时间内检查、测量的次数。

4.7.40 监测报警值/Alarming Value on Monitoring

为确保工程安全，对监测对象测量项目的变化设定的安全数值，用以判断监测对象是否出现异常。

4.8 工 程 质 量

4.8.1 设计轴线/Design Axis

顶管施工前，设计人员给定的顶进管道轴线。

4.8.2 顶进轴线/Actual Axis

实际顶进管道的轴线。

4.8.3 偏差/Deviation

顶进管道的实际位置偏离设计位置的现象。

4.8.4 水平偏差（中线偏差、左右偏差）/Horizontal Deviation

顶进管道的实际轴线与设计轴线在水平面的投影不重合的现象。

4.8.5 垂直偏差（高程偏差、上下偏差）/Vertical Deviation

顶进管道的实际轴线与设计轴线在垂直面的投影不重合的现象。

4.8.6 上偏/Up Deviation

顶进管道的实际轴线高于设计轴线的现象。

4.8.7 下偏/Down Deviation

顶进管道的实际轴线低于设计轴线的现象。

4.8.8 左偏/Left Deviation

自顶进坑向接收坑方向观察，在水平面上，顶进管道的轴线偏向设计轴线左侧的现象。

4.8.9 右偏/Right Deviation

自顶进坑向接收坑方向观察，在水平面上，顶进管道的轴线偏向设计轴线右侧的现象。

4.8.10 平行偏/Parallel Deviation

顶进管道的轴线与设计轴线平行，管道偏于设计轴线一侧的状态。

4.8.11 角度偏/Angular Deviation
顶进管道的实际轴线与设计轴线不平行时的状态。

4.8.12 偏角/Deviation Angle
顶进管道的轴线与设计轴线之间的锐角称为偏角。

4.8.13 前偏角/Front Deviation Angle
顶管施工过程中，掘进机轴线向前延伸与管道设计轴线形成的锐角。

4.8.14 后偏角/Rear Deviation Angle
顶管施工过程中，掘进机轴线向后延伸与管道设计轴线形成的锐角。

4.8.15 前角偏/Front Angle Deviation
顶管施工过程中，掘进机轴线向前延伸与管道设计轴线出现锐角时的状态。

4.8.16 后角偏/Rear Angle Deviation
顶管施工过程中，掘进机轴线向后延伸与管道设计轴线出现锐角时的状态。

4.8.17 纠偏角/Correct Angle
顶管施工过程中，纠偏前管道轴线与纠偏后管道轴线之间的锐角。

4.8.18 管间角/Angle between Two Pipe
相邻管节之间形成的夹角。

4.8.19 管缝/Seam
相邻管节间的缝隙。

4.8.20 管缝封闭/Sealing Pipe Seam
顶管贯通后，对管节之间接缝进行封闭处理的作业过程。

4.8.21 注浆孔封闭/Closing Grouting Hole
封堵管道上注浆孔的作业过程。

4.8.22 打口/Sealing
用干性水泥封堵注浆孔和管缝的施工方法。

5 其他铺设方法

5.1 夯 管 法

5.1.1 夯管施工/Pipe Ramming

应用夯管设备，将待铺设的钢管按设计路线夯进土层的施工方法。

5.1.2 夯管锤/Ramming Rammer

以气压或液压为动力，通过配气或配油机构产生冲击力的机械装置，一般为低频气动冲击锤。

5.1.3 夯力/ Ramming Force

夯管锤输出的最大夯击力，用"F_r"表示，单位为 kg。

5.1.4 冲击频率/ Impacting Frequency

夯管锤的冲击频率，用"F_i"表示，单位为次/min。

5.1.5 难度系数/Coefficient of difficulty

用于表示土体的夯入难易程度系数，用"k"表示。

5.1.6 注浆系统/Grout Injection System

向钢管周边注入泥浆的系统，由储浆灌、注浆头、注浆管和控制阀等组成。

5.1.7 清土系统/Cleaning Soil System

钢管夯入后，利用空气压力或水压力将土芯排出管外的系统。

5.1.8 起始工作坑/Drive Pit

为安装夯管设备并进行夯管作业而开挖的地下工作空间。

5.1.9 接收工作坑/Reception Pit

为接收管线和清理管内积土而开挖的地下工作空间。

5.1.10 管靴/Pipe Shoe

用于切割土体、减小钢管摩擦阻力，设置在待铺设钢管前端的环形部件。亦称为切削环。

5.1.11 撞击环/Ram Ring /Add-on Cone

用于传递冲击能量的钢质锥形接头。

5.1.12 排土锥/Soil Removal Adaptor

置于夯管锤和撞击环之间，用于排除欲铺设管线中部分弃土的部件。亦称为出土器。

5.1.13 带爪卡盘/Clamping Chuck

安装在锤后端，用于固定夯管锤的部件。

5.1.14 套管异径接头/Casing Adaptor

一个环形装置，从轴向和侧向为比套管推进器直径小的套管提供支撑。

5.1.15 张紧带/Tensioning Strap

安装在带爪卡盘两侧用于固定夯管锤的部件。

5.2 冲击矛法

5.2.1 冲击矛（冲击工具、气动矛、穿地龙）/ Impact Mole

一种冲击挤土成孔的工具。

5.2.2 可控冲击矛/Steerable Mole

具有一定导向能力的气动冲击锤。

5.2.3 矛头/Mole Head

位于冲击矛前端的挤土工具。有台阶形、锥形和复合形等。

5.2.4 冲击矛外径/Impact Moling Diameter

冲击矛矛头的最大外径，决定了欲铺设管线直径，用"D_i"表示，单位为 mm。

5.2.5 冲击频率/Impacting Frequency

冲击矛的冲击频率。用"F_i"表示，单位为次/min。

5.2.6 发射坑/Launch Pit

用于安置气动冲击锤而开挖并由此开始施工的工作坑。

5.2.7 目标坑/ Reception Pit

用于接收气动冲击锤而开挖的工作坑。

5.2.8　后退机构/ Retreat Mechanism

可使冲击矛反向冲击的机构。

5.2.9　发射架/Launcher

用于调整冲击矛的发射高度和方向的机械构架。

5.2.10　瞄准仪/Collimator

带有坐标式望远镜，用于确定冲击矛方向和深度。

5.2.11　拉管接头/ Drawn Tube Joint

用于连接冲击矛和欲铺设管线的接头。

5.2.12　张紧器/Wire Strainer

当采用冲击矛扩孔时，用于张拉冲击矛的装置。

5.3　螺旋钻进法

5.3.1　螺旋钻进/Auger Boring

采用螺旋切削头在起始工作坑和目标工作坑之间实现钻进的一种技术，通过在钢套管内的螺旋叶片的回转将钻屑排出。

5.3.2　可导式螺旋钻进/Guided Auger Boring

一种类似于土压式微型隧道施工的螺旋钻进，不同的是导向机构位于工作坑内。施工时，在顶进工作坑内通过控制杆驱动与套管铰接的导向头来实现方向的控制。

5.3.3　螺旋钻机/Auger Boring Machine

依靠切削头和螺旋钻杆或者其他一些相类似的设备进行水平螺旋钻进的设备，主要有吊架式和轨道式两种。

5.3.4　螺旋钻杆/Auger

端部为六面体接头的带有叶片的驱动管，能向切削头传递扭矩，并将钻屑排到孔外。

5.4　Direct Pipe 推管法

5.4.1　推管法 /Direct Pipe

结合微型隧道法和水平定向钻进法的优势，利用微型掘进设备开挖和导向，利用推管机提供管道铺设所需的推力，在钻进的同时进行铺管作业的施工方法。

5.4.2　推管机/Pipe Thruster

为直接铺管法提供推力或为水平定向钻进提供辅助回拖力的推进设备。

5.4.3　推力/Pushing Force

推管机作用于管道上的力，用"F_p"表示，单位为 kg。

5.4.4　机头/Machine Head

推管施工时，安装于管道前段，用于破碎土体的微型隧道掘进机。

5.5　盾　构　法

5.5.1　盾构机/Shield

盾构掘进机的简称，是在钢壳体保护下完成隧道掘进、拼装作业，由主机和后配套组成的机电一体化设备。

5.5.2　盾构工作井/Working Shaft

盾构组装、拆卸、调头、吊运管片和出渣土等使用的工作竖井，包括盾构始发工作井、盾构接收工作井等。

5.5.3　盾构始发/Shield Launching

盾构开始掘进的施工过程。

5.5.4　盾构接收/Shield Arrival

盾构到达接收位置的施工过程。

5.5.5　盾构基座/Shield Cradle

用于保持盾构始发、接收等姿态的支撑装置。

5.5.6　负环管片/Temporary Segment

为盾构始发掘进传递推力的临时管片。

5.5.7　反力架/Reaction/Tame

为盾构始发掘进提供反力的支撑装置。

5.5.8　管片/Segment

隧道预制衬砌环的基本单元，管片的类型有钢筋混凝土管片、纤维混凝土管片、钢管片、铸铁管片、复合管片等。

5.5.9 开模/Mould Loosening

打开管片模板的过程。

5.5.10 出模/Demoulding

管片脱离模具的过程。

5.5.11 防水密封条/Sealing Gasket

用于管片接缝处的防水材料。

5.5.12 壁后注浆/Back-fill Grouting

用浆液填充隧道衬砌环与地层之间空隙的施工工艺。

5.5.13 铰接装置/Articulation

以液压千斤顶连接，可调节前后壳体姿态的装置。

5.5.14 调头/U-turn/Turn Back

盾构施工完成一段隧道后调转方向的过程。

5.5.15 过站/Station-crossing

利用专用设备把盾构拖拉或顶推通过车站的过程。

5.5.16 小半径曲线/Curve in Small Radius

地铁隧道平面曲线半径小于 300m、其他隧道小于 $40D$（D 为盾构外径）的曲线。

5.5.17 大坡度/Big Gradient

隧道坡度大于 3％的坡度。

5.5.18 姿态/Position and Stance

盾构的空间状态，通常采用横向偏差、竖向偏差、俯仰角、方位角、滚转角和切口里程等数据描述。

5.5.19 椭圆度/Ovality

圆形隧道管片衬砌拼装成环后最大与最小直径的差值。

5.5.20 错台/Step

成型隧道相邻管片接缝处的高差。

5.5.21 水力排土式盾构工法/Slurry Shield Method

使用水力方式平衡地下水压力，并清除渣土，且将渣土运送到地面的一种隧道施工方法。

5.5.22 顶进护盾（护盾、盾构）/Jacking Shield

将土体、地下水与施工人员、机械隔开的预制结构，对在其内部进行挖掘作业的人员、机械具有保护作用。

5.5.23　人工盾构机/Manual Mechanical Shield

使用人力挖掘土体的盾构机。

5.6　隧　道　法

5.6.1　隧道掘进/Tunnelling

一种在土体内挖掘构建隧道的施工方法。

5.6.2　浅埋暗挖法/Shallow Undercutting Method

一种在离地表很近的地下进行各种类型地下洞室施工的方法。浅埋暗挖法的核心是依据新奥法的基本原理，在施工中采用多种辅助措施加固围岩，充分调动围岩的自承能力，开挖后及时支护、封闭成环，使其与围岩共同作用形成联合支护体系，是一种抑制围岩过大变形的综合施工技术。

5.6.3　超前小导管注浆/ Small Duct Grouting in Advance

导洞开挖前，先期对围岩土体进行支棚并以小导管向土体内压注一定配比的化学浆液加固土体，使松散围岩趋于稳定的手段。

5.6.4　径向注浆/ Radial Grouting

在隧道开挖顶部有重要建（构）筑物的情况下，而且覆盖的土体厚度不大，且较松散，为加固围岩周围大范围土体，使这部分土体增强整体性和稳定性，而向土体内注浆的一种加固地层的措施。

5.6.5　深孔超前注浆（水平注浆）/ Deep Hole Grouting in Advance，Horizontal Grouting

为了防止隧道前方冒水，除了地面降水以外，采取洞内水平注浆以克服地下水对施工的干扰，达到无水施工的一种措施。

5.6.6　填充注浆/ Filling Grouting

指初期支护背后的注浆和初期支护与二衬间的注浆。前者是填充初期支护与围岩间的空隙；初期支护和二衬间注浆需在二衬施工时在拱顶预留注浆孔，于二衬全部完成或完成一部分后进行。

5.6.7 大管棚/Big Pipe Shed

对松散围岩和隧道拱顶有建（构）筑物与地下管线的情况下，为有效降低地表和建（构）筑物、管线的变形而采取的一种支棚措施。

5.6.8 围岩/Surrounding Rock

隧道开挖周围的岩体和土体。

5.6.9 格栅/ Geogrid

初期支护钢筋混凝土中钢筋骨架的一种形式，按设计钢筋骨架形式，以预制骨架片方式拼装成整体钢筋骨架，然后喷射混凝土形成钢筋混凝土衬砌。

5.6.10 锁脚锚管/ Lock Foot Bolts

稳定钢格栅，减少初期支护拱圈受力后下沉的措施。

5.6.11 喷射混凝土/ Sprayed Concrete

隧道结构分为模筑混凝土和喷射混凝土两类，喷射混凝土又分普通混凝土和钢纤维混凝土等多种，喷射混凝土多作为短期支护用途。

5.6.12 初期支护/ Initial Support

隧道开挖后立即进行衬砌支护的一种形式，也称一衬。

5.6.13 导洞/Pilot Tunnel

分上导洞、下导洞、侧壁导洞、平行导洞等。导洞除平行导洞外，都是隧道断面的一部分，各个导洞断面联通后，成为隧道断面的整体。

5.6.14 掌子面/Tunnel Face

即隧道开挖工作面，掌子面暂时没有工序施工时要及时喷射混凝土，将其封闭，保持掌子面的稳定。

5.6.15 拱部（拱圈）/ Arc Part

隧道拱脚以上的部分。

5.6.16 拱顶（拱腰）/ Arch Crown

拱圈的顶部叫拱顶，拱圈的两侧叫拱腰。

5.6.17 拱脚（起拱线）/ Arch Springing

拱圈的底脚和边墙的分界点从横断面看叫拱脚，沿纵断面看叫起拱线。

5.6.18 边墙/ Sidewall

隧道两侧起拱线以下仰拱以上的部分，依受力要求又分直墙、曲墙。在软岩中设计为曲墙，硬岩中设计为直墙，地铁隧道除平顶直墙外均是曲墙。

5.6.19 仰拱/ Inverted Arch

隧道的异型底板，为了提高结构底板承受压力的能力，采取倒拱的结构形式。

5.6.20 台阶法/ Benching Tunnelling Method

把隧道分成上下两部分开挖和支护的一种施工方法。先开挖上部，对隧道下半断面而言，形成一个台阶，拉开一定距离后，再开挖下部，架立边墙和仰拱钢格栅、喷射混凝土。

5.6.21 上台阶、下台阶/Up Terrace, Down Terrace

在台阶法隧道施工中，台阶上部叫上台阶，下部叫下台阶。

5.6.22 CRD工法/CRD Construction Method

先开挖隧道一侧的一部和二部，施作部分临时中隔壁墙及临时仰拱，再开挖隧道另一侧的一部和二部，然后再开挖最先施工一侧的最后部分，并延长中隔壁墙壁，最后开挖剩余部分的施工方法，即：分块切割、分片开挖和支护，连块包围的隧道施工方法。也称为交叉中隔壁法。

5.6.23 CD工法/ CD Construction Method

亦称为中隔壁法，先开挖隧道的一侧，并施作临时中隔壁墙，然后再分部开挖隧道另一侧的施工方法。

5.6.24 中隔壁/ Median Septum

在CD工法和CRD工法中，左右两洞体之间先期施工一侧的竖向初期支护，多为钢格栅挂网喷射混凝土，也有采用型钢喷射混凝土的。

5.6.25 眼镜工法/ Glasses Construction Method

在隧道断面两侧先后各开挖一个导洞，因形状像眼镜而得名，分单眼镜和双眼镜。断面高度较大时，每个眼镜以正台阶法开挖并设临时仰拱，与 CRD 工法没有严格区别。

5.6.26 中洞法/Center Drift Method

先开挖中跨或立柱部分，完成中跨或立柱浇注后，再进行两侧边跨或左右两洞开挖的施工方法。

5.6.27 桩洞法/Piling in Pilot Tunnel

先在梁柱、梁墙节点部位暗挖小导洞，并在小导洞中施作边桩、中柱及顶纵梁，形成主要承载结构，再暗挖施作支撑在两个顶纵梁之间的顶拱，形成完整的支护体系，在其保护下进行基坑开挖、衬砌和内部结构混凝土的浇筑作业的施工方法。也叫PBA（Pile-Beam-Arch）工法。

5.6.28 环形留核心土法/ Austrian Tunnelling Method

把类似上台阶核心土的留置断面加大，周围空间只满足开挖和支护要求的开挖方法。

5.6.29 横通道/Across Channel

作为自正洞侧壁开挖的洞体或从竖井侧向正洞或车站方向开挖的施工通道，主要用于设置和增加工作面。

5.6.30 台车/Trolley

隧道二次衬砌施工时，为了使施工实现装配化、机械化，提高施工技术水平和施工进度，减轻工人体力劳动强度，以混凝土灌注台车代替洞内人工架立脚手架和模板。台车是一种能在轨道上走行的灌注隧道混凝土衬砌的模具，包括走行部分、承重支架、工作平台、液压千斤顶、模板、灌注窗等。

5.6.31 二衬/Secondary Lining

二次衬砌的简称，也叫永久衬砌和模筑衬砌，在初期支护全段完成，变形稳定后开始施工的。与初期支护共同承受竣工后的全部荷载，和初期支护既有分工，又有合作。

5.6.32 净空/Headroom

二衬周圈之间形成的空间。以线路中线为标准，保证线路中线内外侧至二衬结构间各自的空间宽度和高度满足设计要求。

6 管 道 更 新

6.1 一 般 术 语

6.1.1 管道维修/Pipe Repair

对管道及附属构筑物所存在的缺陷所进行的处理作业。按工程量大小分，管道维修分为小维修、大维修和抢修；按处理方法分，管道维修分为管道维护和管道修理。

6.1.2 管道维护/Pipe Maintenance

对各类地下管道及附属构筑物的进行检查、清理等日常运营维护。

6.1.3 抢修/Emergency Repair

管道爆裂或严重渗漏的情况下，在管道处于使用状态下所进行的对速度要求更高的维修作业，又称应急维修。

6.1.4 结构性修复/Structural Renovation

修复后，管道内外部压力完全由内衬层承受的修复工艺。

6.1.5 半结构性修复/Semi-structural Renovation

修复后，管道内外部压力由内衬层和原有管道共同承受的修复工艺。

6.1.6 非结构性修复/Non-structural Renovation

修复后，管道内外部压力完全由原有管道承受的修复工艺。

6.1.7 管外修复/ Outside Pipe Repair

采用注浆方法在管道外进行管道结构加固、渗漏封堵等修复的施工工艺。

6.1.8 注浆法（灌浆法）修复/Grouting Repair

使用专用的设备，在压力作用下将浆液（化学浆液或水泥浆液）或树脂注入管道裂隙区，以达到防漏堵漏目的的修复方法。

6.1.9 整体修复/Whole Renovation

对一个施工段之间的管道整段进行修复。

6.1.10 局部修复/Localized Renovation

对一定管段内的局部破损、局部腐蚀等缺陷进行的修复。

6.1.11 点状修复/ Spot Renovation

对旧管道内的局部破损、接口错位、局部腐蚀等缺陷进行点式修复，如：不锈钢发泡筒法、点状 CIPP 法、橡胶不锈钢涨圈法等。

6.1.12 不中断修复/Live Renovation

在不中断管道运行功能的条件下进行的修复工作，又称不停产修复、在线修复。

6.1.13 管道机器人/Robot

带有闭路电视监视器的远程控制设备，主要用于局部修复工作，例如：切削管内的障碍物体、打开支线管道的连接孔、对有缺陷的区域进行打磨和再充填，并向裂隙和孔穴中注入树脂等。

6.1.14 旁流泵送/Bypass Pumping

为配合施工临时采取的一种控制管流或改变管流的泵送方法。

6.1.15 旁流/Bypass

一种临时流体输送设置，来分担污水系统溢流的方法。

6.1.16 改流/Diverting

将正常污水流改道流经特设污水系统的方法，通常包含旁流泵送。

6.1.17 扩径/Upsizing

增加旧管道断面尺寸的管道更换方法。视地层条件的不同，最大可比旧管大 50%。

6.1.18 内衬法/Lining

在旧管道内铺设一条新管道或在旧管内壁设置内衬层达到修复管道缺陷，并改进其性能、延长其使用寿命的修复过程。

6.1.19 化学稳定法/Chemical Stabilization

向一段管道灌入一种或多种溶液，使其起化学反应达到密封裂隙、改进管道流动性等目的修复方法。

6.1.20 涂层/Coating，Surface Layer

涂抹在管外壁或在制管时与管壁结构同时形成的管外表面层。如预应力混凝土管外壁喷涂的水泥砂浆层；钢管、铸铁管外壁涂抹的沥青或沥青树脂卷材层；玻璃纤维管外壁的热因性树脂层等。是管道结构的一部分。

6.1.21 内衬管/Liner

在不破坏旧管道的前提下，通过各种非开挖修复方法在旧管道内形成的内衬。

6.1.22 间隙式修复/Gap-type Rehabiliation

将新管直接置入旧管作为内衬，且需对新旧管之间的环隙进行灌浆的修复。

6.1.23 紧贴修复/Close-type Rehabiliation

将新管直接置入旧管作为内衬，且新旧管无环隙配合的修复。

6.1.24 粘贴式修复/Paste-type Rehabiliation

内衬管与旧管道可形成一体的复合管的修复。

6.1.25 升级式修复/ Upgrading Rehabiliation

为了提高管道运行压力、安全性等进行的管道修复。

6.1.26 绞盘/Winch

用来在下水管道内部拖动闭路电视（CCTV）摄像机或者清洁工具的机械装置。

6.1.27 紧配合/Close Fit

一种衬层系统，施工后使新、旧管之间达到紧密配合。

6.1.28 接头密封/Joint Sealing

将一个可膨胀封隔器插入管道来封隔渗漏接头并注入树脂或浆体来封堵接头的方法，封堵完成后要回收封隔器。

6.1.29 环状间隙/ Annular Space

原有的管道内壁和内衬管外壁之间的环形空间。

6.1.30 注浆/Grouting

采用水泥浆填充原有管道与内衬管之间环状空隙的过程。

6.1.31 分段注浆／Segmented Grouting

当内插式修复段较长时，采用分段的方式用水泥浆填充原有管道与内衬管之间环状空隙的施工方法。

6.1.32 注浆压力／Grouting Pressure

注水泥浆时的最高泵压力。

6.2 碎 裂 管 法

6.2.1 碎管法／Pipe Cracking

以待更换的旧管道为导向，使用碎管设备从旧管道内部将旧管道碎裂，并将旧管道碎片挤入周围土体并形成管孔，同时将新管道拉入的更换施工方法。主要用于混凝土管、陶土管等脆性管道的更换。常用方法：（1）气动碎管法；（2）液压膨胀法。

6.2.2 裂管法／Pipe Bursting，Splitting

以待更换的旧管道为导向，使用劈裂器将旧管道切割膨胀，同时将新管拉入的更换方法，以达到替换旧管道或扩容的更换施工方法。主要用于钢管、球墨铸铁管等韧性管道的更换。常用方法：静力拖拉法。

6.2.3 爆裂强度／Burst Strength

造成管道和套管失效所需要的内压力。

6.2.4 破裂器／Fracturer

将旧管道破碎，并且将管道碎片挤入到周围的土壤中去的碎管工具。

6.2.5 劈裂器／Splitter

用于不易破碎的韧性管道（如钢管、球墨铸铁管），沿着管线切割管道底部，并把管道膨胀至需用空间的裂胀管工具。它由一个或者多达三个部分组成：一对旋转的切割轮，它进行第一次切割；劈裂器的下面有一个硬合金帆状刀片，它跟着切割轮再次切割；一个膨胀器，它具有圆锥形，并且是偏心的，因此可以迫使切割开的管道膨胀并且打开。

6.2.6 气动头/Pneumatic Head

由压缩空气驱动的，为碎裂管工具提供脉冲动力，推动碎裂管工具前行并破碎旧管道的工具。同时，有一个小型的拖拉装置以恒定拉力的绞车和橄榄引导破/裂头前进。

6.2.7 液压头/Hydraulic Head

由液压动力驱动的，为碎裂管工具提供脉冲动力，推动碎裂管工具前行并破碎旧管道的动力工具。

6.2.8 静力头/ Static Head

连接于钻杆或者重型锚链和破/裂头，通过一个静液压装置作用，将破/裂头拉入并破碎旧管道的工具。

6.2.9 导向鼻/ Guide Nose

连接在第一根拉杆前的圆形轮，以支持和保护拉杆进入管道。

6.2.10 土壤移位/Soil displacement

是指土体从其原在地沿着阻力最小方向向外膨胀。碎/裂管施工涉及土壤移位的问题，移位大小主要取决于：加大管道口径的程度、管道周围土壤的类型和密实程度、碎/裂管的深度。

6.2.11 土地震动/Soil Vibration

碎/裂管施工都会引起土层内土壤颗粒某种程度的震动，由于碎/裂管施工所造成震动的大小，取决于碎/裂管施工所采用的动力（冲击）、现有管道的大小和类型以及新更换管道增大口径的程度，所造成的震动也不大可能造成周围建筑物产生裂缝。

6.2.12 管道碎片/ Pipe Pieces

管道破裂后产生的尺寸不等的碎片。

6.3 插 管 法

6.3.1 连续插管法/Continuous Sliplining

采用插管法修复时，新的内衬管为连续的塑料管，一次性置入到旧管道内的修复方法。

6.3.2 不连续插管法/Sliplining with Discrete Pipes

采用插管法修复时，新的内衬管为由数段短管连接而成的管柱，置入通过灌浆固定而形成连续的内衬管的修复方法。

6.3.3 短管法/ Short Tube Method

当工作坑受限制时，将短管一节一节顶入旧管道的插管修复方法。

6.3.4 拖入/Draging

采用拖拉的方式将内衬管植入旧管道的施工方法。

6.3.5 顶入/Jacking

采用顶推的方式将内衬管植入旧管道的施工方法。

6.3.6 牵引坑/Draging Pit

用于放置牵引机架等设备的工作坑。

6.3.7 穿插坑/Interposing Pit

用于穿插 PE 管或内衬管顶入设备的工作坑。

6.4 管 片 法

6.4.1 管片/Segment

预制的，可以拼装成一定直径管道的方型板材。有不锈钢管片、塑料管片等。

6.4.2 不锈钢内衬法/Stainless Steel Lining

对于可以进人的大口径管道，以不锈钢板材制作管坯，通过人工在管道内进行焊接从而形成内衬层的管道修复方法。

6.4.3 PVC 模块拼装法/PVC Module Assembling

通过使用螺栓将塑料模块在管内连接拼装成新管，然后在既有管道和拼装而成的塑料管道之间，填充特制的灌浆料的管道修复方法。

6.4.4 管片支护/Supporting Segment

在管片拼装过程中，对管片定位固定的作业。

6.4.5 管片组装/Segment Assembly

施工人员进入管道内用预制管片拼装成衬里结构的作业。

6.5 改进插管法

6.5.1 紧配合管道内衬法/Lining with Close Fit Pipes

一种将断面减小的连续管道插入旧管后，进行还原且紧贴旧管内壁的内衬修复方法。

6.5.2 缩径变形内衬法/Deformed and Reformed Lining / Swage Lining

利用材料的记忆功能，采用挤压、拉拔的方法使圆形内衬管的直径缩小，置入旧管道后，通过加热或加压使其直径恢复到原来大小，从而形成与旧管道紧密贴合的管道内衬。具体有模压（Swagelining 技术）和辊筒（Rolldown 技术）两种方法。

6.5.3 模压缩径法/ Die Shrinking-diameter Method

将聚乙烯内衬管径通过模压缩径设备锻模套管后，使外径缩小后置入旧管内，利用 PE 材料的"记忆"功能，在外部压力卸载后，通过加压或自然的方法使 PE 衬管恢复原来的直径。

6.5.4 辊筒缩径法/Roller Shrinking-diameter Method

将聚乙烯内衬管径通过辊筒缩径设备多级滚压后，使外径缩小后置入旧管内，利用 PE 材料的"记忆"功能，在外部压力卸载后，通过加压或自然的方法使 PE 衬管恢复原来的直径。

6.5.5 冷拔/Cold Draw

紧配合 PE 衬里的现场冷变形作业。

6.5.6 折叠变形内衬法/Fold & Form Lining

利用材料的记忆功能，在工厂或施工现场采用折叠变形的方法使圆形的内衬管变为"U"形或"C"形，置入旧管道内后，通过加热或加压使折叠管恢复原有的形状和大小，从而形成与旧管道紧密贴合的管道内衬。

6.5.7 冷轧内衬法/Swage Lining

一种内插衬层施工方法，插入前用模具冷轧衬管使其临时变形，利于衬管插入，插入后用蒸汽或其他恢复方法使衬管恢复原来的形状。

6.5.8 折叠管/Folded Pipe

将圆形塑料管通过压制、折叠而成的 U 形或 C 形断面的管道。

6.5.9 贴合空间/Fitting Space

指安装内衬的外部相对于已存在管线的内部不是紧密接触，由于收缩或公差引起的微小环状间隙。

6.5.10 凹窝/Slot

热塑性变形聚乙烯内衬在恢复原始的圆形时，在管道的侧面接头或变形处，内衬失去支撑点，膨胀而产生的局部变形。

6.5.11 牵引坑/Draging Pit

用于放置牵引机架等设备的工作坑。

6.5.12 穿插坑/Interposing Pit

用于穿插 PE 管、安装变形内衬设备的工作坑。

6.5.13 复圆/Rebound

通过变形并穿入待修复管后，通过加压、加温等措施，使其恢复成圆形。

6.6 原位固化法 (CIPP)

6.6.1 翻转法/ Inversion Method

把灌浸有热固化树脂材料的软管运到工地现场，在水压和气压的作用下，把软管翻转送至管道并使其紧贴于管道内壁。通过热水、蒸汽、喷淋或紫外线加热的方法使树脂材料固化，从而在旧管内形成高强度的内衬树脂管。

6.6.2 牵引法/Draging Method

把灌浸有热固化树脂的软管材料运到工地现场后，采用牵引的方式把软管拉入旧管内部，然后加压使之膨胀并紧贴于管道内壁。其加热固化的方式和翻转法类似。

6.6.3 翻转/Inversion

采用原位固化法时，利用水压或气压将浸透了树脂的柔性软管通过翻转置入旧管道内，并使浸有树脂的一面与管道内壁无缝、无气包、紧密粘接的过程。

6.6.4 水压翻转装置/Hydraulic Inversion Device

利用水压翻转头，采用翻转工艺使内衬软管在旧管道内就位，软管里的水应有足够的量以保证软管的翻转头到达待修复管道的另一端的人孔处或管段的终点。软管必须先经过一垂直的立式翻转装置被引在立式翻转装置的下端部，软管的内表面应被翻转出来。翻转装置内的水平面应保持足够的高度以使浸渍软管能翻转到管道的另一终点的水压，并使软管与管壁紧贴在一起。

6.6.5 气压翻转装置/Pneumatic Inversion Device

采用翻转工艺使内衬软管在旧管道内就位，软管内的气压应足以能保证软管的翻转头到达待修复管道的另一端的人孔处或管段的终点。软管应与引导槽装置的上部相连形成密封状态，并使具有防渗塑性薄膜的一面翻转（到与管内气体相接触状态）。翻转的气压应时刻调整并保持足够的大，以使浸渍软管能产生翻转，到达管道的另一终点，并使软管与管壁紧贴在一起。

6.6.6 树脂/Resin

一般采用不饱和、苯乙烯基的热固化树脂和催化剂体系，或者是一种环氧树脂和固化剂，树脂的选取应与所采用的翻转工艺相匹配。

6.6.7 热固性树脂/Thermosetting Resin

是指树脂加热后产生化学变化，逐渐硬化成型，再受热也不软化，也不能溶解的一种树脂，常用于内衬管材的热固性树脂有不饱和聚酯树脂、环氧树脂等。

6.6.8 热塑性树脂/Thermoplastic Resin

是指具有受热软化、冷却硬化的性能，而且不起化学反应，无论加热和冷却重复进行多少次，均能保持这种性能的一种树脂，常用内衬管材的热塑性树脂有聚乙烯（PE）、聚氯乙烯（PVC）等。

6.6.9 粘合剂/Adhesive

翻转时用以粘结管状复合内衬材料与金属管道内壁的胶状

物质。

6.6.10 浸湿/Soaking

在翻转过程之前，将粘结剂分摊到软管上并使其均匀分布。

6.6.11 紫外线防护膜/UV Protective Film

在软管最外层、使软管的玻璃纤维编织物内的树脂免受紫外线辐射和伤害的塑料膜。

6.6.12 内膜/Inner Membrane

在软管最内层、使软管的玻璃纤维编织物内的树脂在储存、运输过程中不易挥发，在软管充气时树脂尽量均匀分布的塑料膜。软管固化完成后需从内衬管里拉出。

6.6.13 软管/ Soft Liner

是由一层或多层柔性编织物粘和在一起，编织物可以是无纺布、编织布或无纺布与编织布组合材料组成的管状物。

6.6.14 内衬管/Inner Liner

由软管通过充气、固化、除去软管内膜与替换绳等工序形成的，其外壁与待修复管道内壁紧贴的筒状物。

6.6.15 光固化/Ultraviolet Light Curing

原位固化的内衬管采用浸透光敏性树脂带，置入待修复管道后利用紫外线光源照射使其固化形成玻璃钢内衬层的固化方法。

6.6.16 热水固化/ Hot Water Curing

翻转完成后，将软管里流动的水进行循环加热，使热水能量均匀释放，并使内衬管内的水的温度升高到树脂固化的温度以上的固化方法。

6.6.17 蒸汽固化/Vapour Curing

翻转完成后，蒸气设备通过管子将蒸汽散布到软管的空间内，使产生的蒸汽使内衬管里的气体的温度上升到树脂固化温度以上的固化方法。

6.6.18 常温固化/Ambient Curing

在常温条件下，使内衬管树脂进行固化的固化方法。

6.6.19 紫外线固化式管道原位修复法/CIPP of UV Curing

在不改变待修复管道位置的条件下，先将浸透树脂的软管通过牵拉、压缩空气压紧等方式或过程使软管与待修复管道内壁紧贴，然后利用软管内树脂遇紫外线固化的特性，将紫外线灯放入充气的软管内并控制紫外线灯在软管内以一定速度行走，使软管由一端至另一端逐步固化而紧贴待修复管道内壁、恢复待修复管道功能的修复方法。

6.6.20　替换绳/Replaced Cord

贯穿于整个软管内膜中、用于将牵引固化用紫外线灯、较粗的特制耐高温绳子拉入软管内的绳子。

6.6.21　滚筒/Roller

安装于地面井口或井下管口处，用于改变软管的被牵引方向，避免软管与井口或管口摩擦、保护软管紫外线膜、引导软管牵引方向的装置。

6.6.22　扎头/Connector

由圆筒形的主体和盖子组成，用于拉入旧管内的软管充气与固化时软管的端头与压缩空气管密封、软管的端头与紫外线灯的供电与控制电缆密封、软管的端头与紫外线灯的牵引绳密封的装置。

6.6.23　扎头布/Cloth Bucket

用无弹性纤维布制作的、长度约 800mm、外径与待修复管道内径相同，修复施工时在待修复管道的端部与扎头之间起保护和限制软管充气时过分膨胀的一种软的筒状物。

6.6.24　固化起始井/Curing Entry Shaft

紫外线固化式原位修复排水管道时，安装在一段待修复管内的软管开始固化的井。在固化开始井地面附近不放置的固化设备、紫外线灯一般从该井进入管道。

6.6.25　固化结束井/Curing Reception Shaft

紫外线固化式原位修复排水管时，安装在一段待修复管内的软管最后固化的井。相对固化开始井，固化结束井的地面附近的场地较大，在固化结束井一端放置固化设备、从待修管道内取出紫外线灯。

6.6.26 紧贴/Clinging

在经过恢复圆形和松弛后，导入的内衬管道外表面与旧管道内表面紧密接触的状态。

6.6.27 紧贴型衬里/Clinging Liner

对管道实施内衬修复时，新成型的内衬管外表面与旧管道内表面紧密接触在一起的内衬管结构。

6.6.28 空鼓（隆起）/Swell

内衬管管体与原管道壁相剥离的区域，并形成的凸起。

6.6.29 养护压力/Curing Pressure

内衬管固化时，内衬管内所需最小的空气、水或蒸汽压力，用"P_c"表示，单位为 kPa。

6.6.30 养护时间/Curing Time

内衬管固化时，内衬管需要压力和温度等养护的最小时间，用"T_c"表示，单位为 h。

6.7 螺旋缠绕法

6.7.1 缠绕机/Spiral Winding

能将带筋条的塑料带在旧管内壁形成内衬层，衬层与旧管之间的环隙可注入浆液或使内衬扩张，实现紧配合的内衬施工工艺的设备。

6.7.2 机械螺旋缠绕法/Mechanical Spiral Winding

采用螺旋缠绕机将带状型材在旧管道内缠绕成一条新管道，并对新管道与旧管道之间的间隙进行注浆处理的管道修复方法。

6.7.3 推入式缠绕/Pushing Machine Winding

将缠绕机放置于工作坑内，通过螺旋旋转，型材两边主次锁扣分别互锁，形成固定口径的连续无缝防水新管，并被缠绕机推进至旧管道中的缠绕方式。

6.7.4 自缠绕式缠绕/Self Running Winding

缠绕机在旧管道中一边前进，一边旋转缠绕成管，而新管保持不动的缠绕方式。

6.7.5　人工螺旋缠绕法/Manual Spiral Winding

对于可以进人的大口径管道，通过人工在管道内缠绕一条新管道，并对新旧管道的环隙空间进行注浆处理的管道修复方法。

6.7.6　聚氯乙烯（PVC）内衬管/PVC Liner

一种现场装配的预制型材，PVC 内衬带为预制型材，通过现场缠绕，其形状完全顺应现状管道或输送导管的形状，保持一致性。比如：正圆形、椭圆形、卵形等。

6.7.7　聚氯乙烯（PVC）内衬带/PVC Lining Belt

可以有各种不同的尺寸，包括光滑平整的内表面以及肋条状凹凸的外表面，还包含边缘具有机械封闭性的连接密封的特殊带状型材。

6.7.8　聚氯乙烯（PVC）密封连接条/PVC Sealing Connecting Strip

是内衬带的配对产品，其构造原理相当于在轮廓成型内衬带边缘产生了一个锁闭机械装置。该密封条里面包含一条共挤压的弹性封条，它的构成是对应内衬带的边缘产生压缩封合的效果。

6.7.9　内衬带卷盘/Lining Belt Reel

用于缠绕内衬带的卷盘，卷盘应放于打开可通行工作井的上方，从卷盘找出型材端头并拉出，穿过工作井进入管道内部开始安装内衬带。

6.7.10　型材高度/Section Height

型材带截面的高度，用"H_s"表示，单位为 mm。

6.7.11　型材宽度/ Section Width

型材带截面的宽度，用"W_s"表示，单位为 mm。

6.8　喷　涂　法

6.8.1　防腐型修复/Anti-corrosion Renovation

一种在待修复管道原有结构仍具有承受内部压力、外部土压力和动荷载等功能的前提下，解决管道内防腐、改变管道内壁粗糙度等的喷涂修复方法。

6.8.2　补强型修复/Reinforced Renovation

一种在待修复管道原有结构因出现裂纹、局部轻度破损、局部腐蚀等缺陷，不能完全承受内部压力、外部土压力和动荷载等功能的前提下，解决管道完全独立承受内部压力、外部土压力和动荷载作用等的喷涂修复方法。

6.8.3　喷涂工作坑/Working Pit for Spray

用于存放管道内壁上清除的废物，喷头开始（远离喷涂机）或结束（靠近喷涂机）喷涂工序的工作坑。

6.8.4　砂浆喷涂/Gunite

在旧的污水管内壁上安设钢筋后喷射混凝土形成覆盖层的一种管道修复方法。

6.8.5　底材/Substrate

待修复管道内表面的材质。

6.8.6　涂层/Coating

喷涂至底材上的涂料固化后形成的薄膜层。当采用补强型喷涂修复时，涂层就是一个整体的内衬管。

6.8.7　水泥砂浆涂层/Cement Mortar Coating

在钢管、铸铁管内壁为防止管壁腐蚀、结垢和降低管壁粗糙度涂抹水泥浆形成的内衬层，有机械喷涂、手工涂抹和离心涂抹等方法。

6.8.8　树脂涂层/Resin Coating

采用旋转喷射方式在钢管、铸铁管内壁喷涂树脂材料形成的内衬层。

6.8.9　涂层厚度/Coating Thickness

涂层表面与底材表面间的距离。

6.8.10　湿膜厚度/Wet-film Thickness

涂料涂敷后立即测量得到的刚涂好的湿涂层厚度。

6.8.11　干膜厚度/Dry-film Thickness

涂料硬化后存留在表面上的涂层厚度。

6.8.12 喷射机/Injection Machine

用于喷涂修复作业的管道机器人。

6.8.13 脐管/Umbilical Tube

能盘卷在喷涂机卷盘上，内部由二根喷涂组分料输送管、一根压缩空气输送管、三根伴随加热管、一根伴随钢丝绳紧密排列构成，外部由一根紧贴内部管道的橡胶管构成的组合管。

6.8.14 旋转喷头/Rotating Sprayer

喷涂修复作业时，用于喷射内衬材料（水泥浆、树脂等）的，且高速旋转的喷嘴。

6.8.15 旋转速度/ Rotating Speed

喷涂修复作业时，喷射机旋转喷头的旋转速度，用"v_r"表示，单位为 r/min。

6.8.16 行走速度/Walking Speed

喷涂修复作业时，喷射机在管道内的行走速度，用"v_w"表示，单位为 m/min。

6.8.17 喷射速度/Jet Velocity

喷涂修复作业时，内衬材料由旋转喷头射出的速度，用"v_j"表示，单位为 m/s。

6.8.18 挤压涂衬/Extrusion Coating

把配制好的挤压涂衬材料置于清管器中间，由压缩空气推动清管器在管内移动进行涂衬修复的施工方法。

6.9 点 修 复 法

6.9.1 树脂注浆/Resin Injection

一种管道局部修复方法，常用于污水管，通过向裂缝、孔穴内注射树脂，经固化后能防止渗漏和裂缝和孔穴进一步恶化，同时能增加结构强度。

6.9.2 不锈钢套筒法/Stainless Steel Lining

在管道局部破损处安装一个外附吸附发泡胶海绵的不锈钢套

筒，发泡胶膨胀后在旧管道和不锈钢套筒之间形成密封性接触的管道修复方法。

6.9.3 点状原位固化法/Spot CIPP

用气囊扩张法将浸渍树脂的织物紧贴在管道损坏部位，然后通过加热等方法固化进行管道局部修复的方法。

6.9.4 密封法/Joint Sealing

将一个可膨胀封隔器插入管道来封隔渗漏接头并注入树脂或浆液封堵接头的方法。

7 相关技术

7.1 地下管线

7.1.1 埋地管道/Buried Pipeline（Conduit）
铺设在地面以下或覆盖有一定厚度土体的管道。

7.1.2 水下管道/Submerged Pipeline，Subaqueous Pipeline
铺设在水面以下水体中或水底土体中的管道。

7.1.3 海底管道/Submarine Pipeline
铺设在海面以下海水中或海底的管道。

7.1.4 地上管道/Above-ground Pipeline
直接铺设在地面上或地面支墩上的管道。

7.1.5 架空管道/Overhead Pipeline
指架设在地面以上的管道，由跨越结构和支承结构（支架、托架等）两部分组成。

7.1.6 生产管道/Product Pipeline
为不同生产目的而铺设的永久管道。

7.1.7 工业管道/Industrial Pipeline
工矿企业装置之间的管道。

7.1.8 给水管道（输水管道）/Water Supply Pipeline
输送原水或成品水的管道。

7.1.9 配水管道/Water Distribution Pipeline
输送成品水的管道。

7.1.10 排水管道/Drainage Pipeline，Sewer Pipeline
汇集和排放污水、废水、雨水的管道。

7.1.11 雨水管道/Storm Sewer Pipeline
输送截留雨水的管道。

7.1.12 合流管道/Combined Drainage Pipeline

将截留雨水、生活污水、工业废水等合流的排放管道。

7.1.13 污水管道/Sewage Pipeline

输送生活污水或工业废水的管道。

7.1.14 供热管道/Heat-supply Pipeline

由热电厂、锅炉房等热源向用户输送供热介质的管道。

7.1.15 采暖管道/Heating Pipeline

建筑物采暖用的由热源或供热装置到散热设备之间输送供热介质的管道。

7.1.16 输油管道/Petroleum Transmission Pipeline

由生产、储存等供油设施向用户输送原油或成品油的管道。

7.1.17 输气管道/Gas Transmission Pipeline

由生产、储存等供气设施向用户输送天然气、煤气等气体的管道。

7.1.18 管沟/Pipe Duct

用以铺设输送管道设施的地下通道，有矩形、圆形、拱形等断面形式。

7.1.19 热力沟/ Heating Pipeline Duct

铺设输送供热介质管道的地下通道。

7.1.20 电缆沟/Cable Duct

用以铺设电力或电信电缆设施的地下通道。

7.1.21 综合管廊/Utility Corridor

容纳有两个或者更多不同效用管道的，且人能进入维护的通道。

7.1.22 电力套管（电工套管）/Electrical Conduit

用于保护并保障建筑物（构筑物）内部和室外埋地、架空电气线路系统中穿入与更换电信或电力电缆的管道。有平滑套管、波绞套管、绝缘套管、阻燃和非阻燃等各种不同材质及性能等类型。

7.1.23 压力管道/Pressure Pipeline

在加压的状态下，输送液体、气体等流体的管道，根据不同工作压力，可分为低压、中压、高压、超高压等不同压力等级的管道。

7.1.24 有压管道/Pressure Pipeline

在加压的状态下，输送液体、气体等流体的管道。

7.1.25 无压管道/Non-pressure Pipeline

无压力输送，主要在自重重力作用下，输送液体、气体等流体的管道。

7.1.26 重力流管道（自流管道）/Gravity-flow Pipeline

在自重重力作用下输送液体、气体等流体的管道，一般情况下，管内液体的最高运行液面不超过管道截面的内顶。

7.1.27 刚性管/Rigid Pipe

主要依靠管体材料强度支承外力的管道，在外荷载作用下其变形很小，管道的失效受管壁强度的控制。

7.1.28 柔性管/Flexible Pipe

竖向荷载大部分由管子两侧土体所产生的弹性抗力所平衡，在外荷载作用下变形显著的管道，管道的失效通常由变形造成的破坏。

7.1.29 半柔性管（半刚性管）/Semi-flexible Pipe

在竖向外荷载作用下变形足以使两侧土体产生弹性抗力的管道，土的弹性抗力支承相应的竖向荷载，其数值决定于管管的环向刚度与土体弹性模量的比值。

7.1.30 钢管/Steel Pipe

由铁和炭等元素炼制的圆管的统称。按制作工艺分为：焊接钢管（welded steel pipe）和无缝钢管（seamless steel pipe）二类。焊接钢管均由钢板卷焊制作，按焊缝形式分为：螺旋焊接钢管（spiral welded steel pipe）和直缝焊接钢管（longitudinal welded steel pipe）两种；直缝焊接钢管按焊接工艺不同分为：直缝埋弧焊管和直缝高频电阻焊管（electric resistence welding, ERW）。

7.1.31 铸铁管/Cast Iron Pipe（CIP）

由铁水浇铸的管道。按管道成型工艺可分为：离心铸铁管和连续铸铁管。

7.1.32 灰口铸铁管（普通铸铁管）/Grey Cast Iron Pipe（CIP）

用普通铁水浇铸的管道，用于压力流体输送的称承压铸铁管；用于无压输送液体的称排水铸铁管。

7.1.33 稀土铸铁管/Rare Earth Cast Iron Pipe

在普通铁水中掺入少量稀土元素浇铸的管道，比灰口铸铁管的强度大。

7.1.34 球墨铸铁管（延性铸铁管）/Nodular Cast Iron Pipe

由经过球化处理的优质铁水（其中石墨组织已由片状变成球状）采用离心浇铸制作的圆管，具有较高强度、较好的韧性（延伸率大于 10%）和防腐性能。

7.1.35 混凝土管/Concrete Pipe，CP

用混凝土制作的管子。

7.1.36 钢筋混凝土管/Reinforced Concrete Pipe，RCP

配有钢筋的混凝土制作的管子。

7.1.37 预应力混凝土管/Prescressed Concrete Pipe，PCP

在制管过程中用张拉高强钢丝的工艺使管体混凝土在环向和纵向均处于受压状态的管子。

7.1.38 石棉水泥管/Asbestos-cement Pipe，ACP

用石棉纤维和水泥制作成型的管子。

7.1.39 陶土管/Vitrified Clay Pipe

用黏土制作成型后在窑中烧成的管子。

7.1.40 缸瓦管/Vitrified Clay Pipe

管表面不上釉的陶土管。

7.1.41 陶瓷管/Ceramic Tube

管表面上釉的陶土管。

7.1.42 硬聚氯乙烯塑料管/Unplasticised Polyvinyl Chloride Pipe，UPVC

以聚氯乙烯树脂为主，用挤出成型法制成的热塑性塑料管子。具有一定的耐腐蚀性能，无味，一般用于输送介质为常温的有压和无压管道。

7.1.43 聚乙烯塑料管/Polyethylene Pipe，PE Pipe

以聚乙烯树脂为主，用挤出成型法制成的热塑性塑料管子。具有强度（与重量）比值高，耐高温和低温性能好和韧性优良等性能。按其材质不同分为：高密度聚乙烯（HDPE）、中密度聚乙烯（MDPE）和低密度聚乙烯（LDPE）三种管材，可用于输送燃气、热水、饮用水。

7.1.44 聚丙烯塑料管/Polypropylene Pipe，PP Pipe

以聚丙烯树脂为主，用挤出成型法制成的热塑性塑料管子。具有较高的表面硬度和光洁度和较好的耐腐性能，可用于化学废料排放，盐水输送和水处理。

7.1.45 聚丁烯塑料管/Polybutylene Pipe，PB Pipe

以聚丁烯树脂为主，用挤出成型法制成的热塑性塑料管子，具有质轻，弹性率和延伸率高，耐高低温性能强，无毒和耐渗透性好等特点，可用于给水和暖气工程。

7.1.46 玻璃纤维管（玻璃纤维增强热固性塑料管，玻璃钢管）/Glass Fiber Reinforced Plastics Pipe，GRP/Fiberglass Reinforced Pipe，FRP

由已固化的热固性树脂包围或环绕玻璃纤维增强材料的复合结构管子。其复合结构可含有粒料、填料、触变剂和颜料等，也包含其热塑性和热固性内衬和外涂层。具有良好的防腐蚀性能、轻质高强的物理力学性能。可用于工业管道和承受压力的大管径给排水管道。

7.1.47 圆形管道/Circular Conduit，Circular Pipeline

横截面为圆形的管道。

7.1.48 矩形管道/Box Conduit，Rectangular Conduit

横截面为矩形或正方形的管道。

7.1.49 马蹄形管道/Horseshoe Conduit

横截面上部为圆弧形、两侧为直线或弧形、底部为直线或弧形的管道。

7.1.50 半椭圆形管道/Semi-elliptical Conduit

横截面为半椭圆形，底为直线或弧形的管道。

7.1.51 椭圆形管道/Oval Conduit，Elliptical Conduit

横截面为椭圆形的管道。

7.1.52 卵形管道/Ovoid Conduit

横截面由半径为一定比例的四个圆弧组成的管道。

7.1.53 波纹管/Corrugated Pipe

轴向截面管壁为波纹状的管子。波纹有螺纹状（helical corrugation）和圆圈状（annular corrugation）两种形式。管壁内外均为波纹状者为单壁波纹管（single wall corrugated pipe）；管壁内部有光滑内衬层者为双壁波纹管（double wall corrugated pipe）。用钢材卷制者为波纹钢管（corrugated steel pipe）；用塑料挤出成型者为波纹塑料管（corrugated plastic pipe）。

7.1.54 平口管/Straight Butt End Pipe，Straight Plain End Pipe

两端面与纵轴垂直的等截面管子。

7.1.55 斜口管/Beveled Pipe，Splayed End Pipe

一端或两端面与纵轴成斜角的等截面管子。

7.1.56 承口管/Socket Pipe

一端做成向外放大的喇叭形（钟形）承口和另一端可插入此承口内的等截面管子。

7.1.57 企口管/Tongue and Groove Pipe，Rebated Pipe

一端做成凹槽（内凹口），另一端做成舌榫（外凹口）且可插入一端的凹槽内的等截面管子。

7.1.58 检查井（检修孔）/Inspection Chamber，Manhole

为检查、清理和维护等用的修建在给水排水管道、暖气沟、电缆沟等地下管道设施上有出入口的构筑物的统称，由井室、井筒、盖板、井盖等组成，俗称"人井"。

7.1.59 涂层/Coating，Surface Layer

涂抹在管外壁或在制管时与管壁结构同时形成的管外表面层。如：预应力混凝土管外壁喷涂的水泥砂浆层；钢管、铸铁管外壁涂抹的沥青或沥青树脂卷材层；玻璃纤维管外壁的热固性树脂层等。

7.1.60 阴极保护/Cathodic Protection

向被腐蚀金属结构物施加电流，被保护的金属结构物作为阴极，金属腐蚀过程中发生的电子迁移得到抑制，以避免或减弱腐蚀的发生。

7.1.61 电流保护/Electrical Protection

用电学或物理的方法将进入管道的杂散电流导出，或阻止杂散电流进入管道，防止杂散电流腐蚀的保护方法。

7.1.62 热熔连接/Fusion Connection

采用专门的热熔设备将连接部位表面加热，使其熔融部分连成整体的连接方法。有对接式和套筒式（带或套）等连接形式。

7.1.63 焊接连接/Weld Connection

采用专门的焊接工具和焊条（焊片或挤出焊料）将相邻管端加热，使其熔融成整体的连接方法。有对接连接和搭接连接等形式。

7.1.64 机械连接/Mechanical Connection

采用机械紧固方法将相邻管端连成一体的连接方法。

7.1.65 管直径/Pipe Diameter

一般指管的公称直径。

7.1.66 内径/Inside Diameter

圆管的过圆心至内壁的弦长。

7.1.67 外径/Outside Diameter

圆管的过圆心至外壁的弦长。

7.1.68 平均直径/Mean Diameter

圆管的过圆心到管壁中线的弦长。

7.1.69 管壁厚/Thickness of Pipe Wall

指圆管正截面上管壁在同一直径上内外边垂直线之间的

距离。

7.1.70 公称直径/Nominal Diameter，DN

管件的标定直径，一般用整数。管子的真实内径或外径必须接近标定直径。

7.1.71 公称外径/Nominal Outside Diameter

管材、管件标定的外径。管材最小平均外径。

7.1.72 公称壁厚/Nominal Wall Thickness

管材壁厚的规定值，相当于任一点的最小壁厚。

7.1.73 标准尺寸比/Standard Dimension Ratio，SDR

标准尺寸比是指管道外径与管道壁厚之比。

7.1.74 不圆度/Out-of-roundness

管材同一横截面处测量的最大外径与最小外径的差值。

7.1.75 管外顶/Outside Roof of the Pipe

地下管道外壁的顶部。

7.1.76 管内顶/Inside Roof of the Pipe

地下管道内壁的顶部。

7.1.77 管外底/Outside Bottom of the Pipe

地下管道外壁的底部。

7.1.78 管内底/Inside Bottom of the Pipe

地下管道内壁的底部。

7.1.79 埋深/Height of Cover，HC

管外顶至路面或自然地面等基准面的距离。

7.1.80 管底埋深/Cover Depth

管外底至路面或自然地面等基准面的距离。

7.1.81 管道荷载/Load on Pipeline

设计时应考虑的各种可能出现的施加在管道结构上的集中力或分布力的统称，包括恒（永久）荷载、活（可变）荷载和其他荷载。

7.1.82 管道恒荷载/Dead Load on Pipeline

指在设计基准期内不随时间变化（或其变化与平均值相比可

以忽略不计的）直接作用在管道上的集中力或分布力，包括结构自重、预加应力、竖向和侧向土压力、管道外部水压力及浮力等。

7.1.83 管道活荷载/Live Load on Pipeline

指在设计基准期内随时间变化的直接作用在管道上的集中力或分布力，包括地面车辆、施工机械及其引起的冲击力、地面堆积荷载、人群荷载以及管内静水压力及其引起的波动压力、动水作用力、真空压力、温度作用等。

7.1.84 弹性模量/Elastic Modulus

理想材料有形变时的应力与相应应变之比。

7.1.85 伸长率/Elongation

材料在拉力作用下长度上的增量。

7.1.86 弯曲模量/Flexural Modulus

应力差与对应的应变差之比。

7.1.87 弯曲强度/Flexural Strength

管道在弯曲过程中承受的最大弯曲应力。

7.1.88 环刚度/Ring Stiffness

全称"环向弯曲刚度"，表示管道抵抗环向变形的能力，可采用测试或计算方法定值，单位为 kN/m^2。

7.1.89 环柔度/Ring Flexibility

管材在不失去结构完整性基础上，承受径向变形的能力。

7.1.90 强度计算/Strength Calculation

指在内外荷载作用下管道结构件截面的材料应力计算。

7.1.91 稳定验算/Stability Calculation

指在外荷载及真空压力作用下对柔性管或半柔性管环向截面的临界压力计算。

7.1.92 刚度验算/Stiffness Calculation

指在外荷载作用下对柔性管或半柔性管环向截面的变形计算。

7.1.93 管道材质/Pipe Material

欲铺设成品管线的材料与品质。如钢管、塑料管、水泥混凝土管、铸铁管等，以及这些管材的细类名称与品级标号。

7.1.94 管道尺度/Pipe Size

管线的长度、外径、壁厚、重量等；集束管铺设时的总体当量直径。

7.2 管 线 探 测

7.2.1 地下管线普查/General Survey of Underground Pipeline

采取经济合理的方法查明区域内的地下管线状况，获取准确的管线有关数据，编制管线图、建立数据库和信息管理系统，实施管线信息计算机动态管理的过程。

7.2.2 现况调绘/Actuality Survey and Drawing

各专业管线权属单位负责组织相关专业人员对已埋设的地下管线进行资料收集，并分类整理、调绘编制现况调绘图，为野外探测作业提供参考和有关地下管线属性依据的过程。

7.2.3 历史数据/Historical Data

在地下管线信息系统中存储的，因改建、拆除等原因造成实际的管线数据。

7.2.4 地下管线信息管理系统/Underground Pipeline Information System

在计算机软件、硬件、数据库和网络的支持下，采用 GIS 技术实现对地下管线及其附属设施的空间和属性信息进行输入、编辑、存储、查询统计、分析、维护更新和输出的计算机管理系统。

7.2.5 管线点/Surveying Point of Underground Pipeline

地下管线探查过程中，为准确描述地下管线的走向特征和附属设施信息，在地下管线探查和调查工作中设立的测点。

7.2.6 GPS RTK/Global Positioning System Really Time Kinematic

全球卫星定位系统实时差分定位测量方法。

7.2.7 示踪线/Locating Wire

铺设在管道上方、能用专用设备从地面探测到、用以标识管道位置的金属导线。

7.2.8 示踪带/Locating Tape

铺设在管道上方、能用专用设备从地面探测到、用以标识管道位置的金属带。

7.2.9 探地雷达/Ground Penetration / Probing Radar，GPR

利用脉冲雷达系统，连续向地下发射脉冲宽度为几毫微秒的视频脉冲，接受反射回来的电磁波脉冲信号，可用来探测地下的金属或非金属目标。

7.2.10 雷达探测仪/Radar Detector

用电磁波探测地下目标位置的仪器。

7.2.11 管线探测仪/Pipeline Locator / Detector

利用物探的方法探测地下管线属性和空间位置的仪器。

7.2.12 探漏仪/Leak Detector

利用声学原理探测地下管道渗漏（漏水、漏气）情况的仪器。

7.2.13 真空抽吸挖掘机/Vacuum Excavator

一种使用高压水或压缩空气对土层进行切割松动，同时通过真空抽吸将土抽吸走，能很快在地面挖掘出一个检测孔的设备。

7.2.14 点探法/Potholing

采用真空抽吸方式进行"软开挖"的挖孔，用于掘露地下管线的一种方法，且不会对管线造成损坏。

7.3 管 道 清 洗

7.3.1 清管系统/Tube Cleaning System

为清除管内凝聚物和沉积物，隔离、置换或进行管道在线检测的全套设备。常用的清洗方法有机械清洗、水力清洗和化学清洗。

7.3.2 机械清洗/Mechanical Cleaning

采用棒状、桶状、绞盘刷等工具，对管道内壁进行清洗的清洗方法。

7.3.3 水力清洗/Hydraulic Cleaning

采用高压水射流冲洗或具有水头压力的水流冲刷管道内污垢的清洗方法，水力冲洗设备包括高流速的喷射头、清洁球和铰链圆盘清理器。

7.3.4 化学清洗/Chemical Cleaning

将化学药剂注入被清洗的管道中，使化学清洗液在被清洗的管道内流动，并与管道内壁的结垢发生化学反应，使其加速剥离并清除的清洗方法。

7.3.5 清管器/Pig

由特殊聚氨酯发泡体制成的、形状如子弹的清洗工具。常用的清管器有：球形清管器（清管球）、皮碗式清管器和软质清管器等。清管器上可安装测量管壁厚度、内腐蚀情况、管道变形和位置沉降等仪器。

7.3.6 清管器清洗/Pigging

利用被清洗管道内流体的自身压力或通过其他设备提供的水压或气压作为动力推动清管器在管道内向前移动，刮削管壁的污垢，并将堆积在管道内的污垢及杂物排出管外的清洗方法。

7.3.7 喷砂除锈/Sandblasting Cleaning

以压缩空气为动力形成高速喷射束将喷料（铜矿砂、石英砂、金刚砂、铁砂）高速喷射到管道内表面的清洗除锈方法。

7.3.8 喷砂清理/Sandblasting

对金属管道表面进行糙化并露出金属光泽的施工过程。

7.3.9 预清洗处理/Preparatory Cleaning

在检查管道之前，通常使用水射流进行清除管道内部杂物的施工过程。尤指下水管道。

7.3.10 机器人清障/Obstacle Removing with Robot

机器人携带视频摄像头，对管道内部的垃圾及异物进行定位，并通过控制系统清除异物，达到清障的目的。

7.3.11 推杆疏通/Push Rod Dredging

用人力将竹片、钢条、沟棍等工具推入管道内清除堵塞的疏通方法。按推杆的不同，又分为竹片疏通、钢条疏通或沟棍疏通等。

7.3.12 绞车疏通/Winch Bucket Dredging

采用绞车牵引通沟牛清除管道内积泥的疏通方法。

7.3.13 通沟牛/Dredging Bucket

在绞车疏通中使用的桶形、铲形等铲泥工具。

7.4 管 道 检 测

7.4.1 快速检测/Quick Inspection

采用专用激光发生器、影像测量评估软件和闭路电视系统进行管道内窥定量检测的方法。

7.4.2 传统方法检查/Traditional Inspection Technique

是指人员在地面巡视检查、进入管内检查、反光镜检查、量泥斗检查、量泥杆检查、潜水检查等检查方法的统称。

7.4.3 管道潜望镜/Pipe Quick View

是一种管道快速检测设备（简称QV）。

7.4.4 管道潜望镜检测/Pipe Quick View Inspection

通过操纵杆将管道潜望镜高放大倍数的摄像头放入人井或隐蔽空间，并清晰地显示管道裂纹、堵塞等内部状况。

7.4.5 闭路电视检测/Closed Circuit Television（CCTV）Inspection

采用专业的闭路电视摄像设备，采集并传输管道内部缺陷及状况的图像，并利用专业的软件对影像数据进行分析，以便了解和评估管道的内部状况。

7.4.6 直向摄影/Straight / Forward-view Inspection

电视摄像机取景方向与管道轴向一致，在摄像头随爬行器行进过程中拍摄并通过控制器显示和记录管道影像的拍摄方式。

7.4.7 侧向摄影/Lateral Inspection/Lateral Camera Inspection

当爬行器停止时，通过电视摄像机镜头和灯光的旋转/仰俯或变焦方式，重点拍摄管道内壁状况的一种摄影方式。

7.4.8 声呐检测/Sonar Inspection

使用可以发射高频声波信号的装置以水为介质对管道内壁进行扫描，系统通过颜色区别声波信号的强弱，并通过专用检测分析软件判断管道内壁结垢及沉积状况。

7.4.9 功能状况检测/Operation Inspection

对管道畅通程度的检测。

7.4.10 结构状况检测/Structure Inspection

对管道结构完好程度的检测。

7.4.11 变形检测/Geometry Inspection

以检测管道的几何变形情况为目的所实施的管道内检测。

7.4.12 腐蚀检测/Corrosion Inspection

以检测管壁腐蚀、机械损伤等金属损失为目的所实施的管道内检测。

7.4.13 测径板/Gauge Plate

安装在清管器上，直径小于正常管道最小内径的圆形软质金属盘（通常使用铝盘），用于发现管径一定量的变化。

7.4.14 时钟表示法/Clock Description

采用时钟位置来描述缺陷或结构特征出现在管道环向位置的表示方法。

7.4.15 内部金属损失/Internal Metal Loss

发生在管壁内表面的金属损失和管体内部的金属损失。

7.4.16 外部金属损失/External Metal Loss

发生在管壁外表面的金属损失。

7.4.17 顺流/Down Stream

管道检测的行进方向与水流方向一致。

7.4.18 逆流/Up Stream

管道检测的行进方向与水流方向相反。

7.4.19 管道变形与破损/Pipe Deforming and Breakage

铺设的成品管道以拉通棒或管径仪测试作为考核其是否缩径与椭扁或变形量化程度在允许范围内的标准；以内窥仪、探伤仪以及压力试验等探测管道壁是否开裂或残损。

7.5 管 道 评 价

7.5.1 污水管扫描和评价技术/Sewer Scanner and Evaluation Technology-SSET

能提供像闭路电视（CCTV）一样的前视画面，也能提供管道内表面360°扫描的可视图像，事后可在办公室内进行数据分析，保证不忽略一些重要的管道缺陷的评价技术。该系统也能记录管道坡度，因此可得到管道下垂位置和沉积物的潜在位置，360°扫描能以平面视图检测管道的整个表面，而且能够量度接头缝隙。

7.5.2 修复指数/Renovation Index-RI

依据管道结构性缺陷的程度和数量，按一定公式计算得到的数值（0～10），数值越大表明修复的强度越大。

7.5.3 养护指数/Maintenance Index-MI

依据管道功能性缺陷的类型、分值、数量以及影响因素计算得到的数值，数值越大表明管道养护的紧迫性越大。

7.5.4 结构性缺陷/Structural Defect

管道结构的完好程度遭受损伤，影响强度、刚度和密封性的缺陷，如变形、破裂、错口、漏失等。管道结构性缺陷需通过半结构性修复或结构性修复手段才能消除。

7.5.5 功能性缺陷/Functional Defect

管道结构未受损伤，只影响过流能力或水质等的缺陷，可通过管道清洗和喷涂等非结构性修复手段得到改善和消除。

7.5.6 结构性缺陷密度指数/Structural Defect Density Index

根据管段结构性缺陷的类型、分值和数量，基于平均分值计算得到的管段结构性缺陷长度的相对值。

7.5.7 功能性缺陷密度指数/Functional Defect Density Index

根据管段功能性缺陷的类型、分值和数量，基于平均分值计算得到的管段功能性缺陷长度的相对值。

7.5.8 粗糙系数/Roughness Coefficient

用来表示管道粗糙而导致水头损失的效应系数。

7.5.9 部分破坏管道/Partially Deteriorated Pipe

出现轻微的结构性破损，但在管道的设计寿命之内仍能承受外部土压力和动荷载，截面变形不大于管道公称内径的12.5%的管道。

7.5.10 完全破坏管道/Fully Deteriorated Pipe

管道出现结构性破损，虽在管道的设计寿命之内，但不能继续承受外部压力和动荷载作用，或截面变形大于管道公称内径12.5%的管道。

7.5.11 预评估维修比/Estimated Repair Factor

最大允许运行压力与通过金属损失评估法计算出的安全运行压力的比值。

7.5.12 腐蚀/Corrosion

金属与环境介质间的物理-化学相互作用，其结果使金属的性能发生变化，并常可导致金属、环境或由它们组成的作为部分技术体系的功能受到的损伤。

7.5.13 生物腐蚀/Biological Corrosion

指管道材料因生物（如细菌藻类、真菌类）引起的一种腐蚀。

7.5.14 阴极腐蚀/Cathodic Corrosion

在一种不正常的条件，尤其是存在 Al、Zn、Pb 的情况下，电荷在阴极聚积并产生碱性腐蚀部分金属的现象。

7.5.15 不均匀腐蚀/Non-uniform Corrosion

小的、局部区域的侵蚀。它比均匀腐蚀所造成的金属损失要小，但是会因为腐蚀形成孔洞而导致更快的渗漏。

7.5.16 杂散电流腐蚀/Stray-current Corrosion

由杂散电流引起的金属电解腐蚀。

7.5.17 腐蚀指数/Corrosion Index
衡量流体腐蚀能力的一个尺度。

7.5.18 腐蚀速率/Corrosion Rate
单位时间内金属遭受腐蚀的质量损耗量。

7.5.19 裂缝/Crack
管道轴向或者径向出现的裂痕。

7.5.20 坍塌/Collapse
管道结构性的碎裂而导致的失效。

7.5.21 结垢/Encrustation
描述含盐的地下水渗透到管内蒸发后留下来的堆积物，根据断面面积损失情况分为轻、中、重三种。

7.5.22 侵蚀/Erosion
流体的磨损作用导致的表面恶化现象。

7.5.23 点蚀/Pitting
管道局部由于高度腐蚀导致的一些斑点性深层侵蚀。

7.5.24 渗漏/Infiltration
指清水、雨水或者地下水等通过管道的裂隙、不良接头、人井、检修井等进入管道内，或者管内介质流向外部。

7.5.25 剥落/Spalling
描述管道表面形成碎片的过程或从表面剥离的过程。

7.5.26 结瘤/Scaling / Tuberculation
不同部位的局部腐蚀而导致的结核瘤状物。

7.5.27 沉积物/Sediment
管道内沉积的微小颗粒，能导致过流横截面积的减少。

8 工程测试与管理

8.1 管 道 测 试

8.1.1 泄漏性试验/Leak Test

以气体为介质，在设计压力下，采用发泡剂、显色剂、气体分子感测仪或其他手段等检测管道系统中泄漏点的试验。

8.1.2 水压试验/Water Pressure Test

以水为介质，对已铺设的压力管道采用满水加压的方法，检验在规定的压力值时管道是否发生结构破坏以及是否符合规定的允许渗水量（或允许压力降）标准的试验一般用于压力管道。

8.1.3 严密性试验/Leak Test

对已敷设好的管道用液体或气体检查管道渗漏情况的试验。

8.1.4 闭水试验/Closed Water Test

对已铺设的管段按规定的水头用注水方法来检验其是否符合规定的允许渗漏标准的试验，一般用于重力流管道（无压管道）。

8.1.5 闭气试验/Closed Air Test

对已敷设的管段用充气的方法来检验其在规定的压力值时是否符合规定的泄漏量的试验，主要用于输送气体和易燃、易爆或有毒介质的管道。

8.2 工 程 管 理

8.2.1 施工设计/Construction Design

施工单位编制并经主管部门批准的为完成非开挖工程工作目标的工作方案。

8.2.2 施工生产管理/Management of Construction Production

非开挖施工生产过程中的计划、组织、指挥、控制和调节，保证生产过程的协调性和连续性的管理工作。

8.2.3　管线设计/Pipeline Design

设计规划部门提出铺设管线的轨迹总廓原则，主管单位或建设单位根据非开挖施工工艺特点、管道情况，以及管道沿线和施工场地周边情况等因素设计管线轨迹；优选管道参数和施工方法优选等，再交由设计规划部门批准。

8.2.4　施工计划/Construction Planning

施工单位编制的工程施工总体安排，是制定生产和作业计划组织生产的依据。

8.2.5　施工调度计划/Dispatching and Scheduling of Construction Job

为协调生产和辅助部门保证完成生产任务而编制的计划。

8.2.6　定额管理/Norm Management

按生产劳动定额及物化劳动定额等考核生产任务完成情况及其经济效益的管理工作。

8.2.7　设备管理/Management of Equipment

保证施工设备的完好性、合理配备、合理使用、维护保养、定期检修等管理工作。

8.2.8　技术管理/Technical Management

施工设计、技术攻关、技术推广、技术培训及贯彻规程、标准等方面的管理工作。

8.2.9　操作规程/Operating Instruction

为优质、高效、安全、经济等目的所编制的并经主管部门颁布的具有技术法规性质的操作技术规定。

8.2.10　技术档案/Technical File

施工单位按规定建立的为施工生产技术经济活动而记录的专门文件。

8.2.11　工程质量验收制/Engineering Quality Inspecting Rule

工程施工结束后，组织对工程全面质量检查的制度。

8.2.12　安装验收制/ Installation Acceptance Rule

施工设备安装完毕后，经有关人员检查，确认合格予以验收的制度。

8.2.13 岗位责任制/Post Responsibility Rule

施工中，按照工作人员分工的专职，定岗负责的制度。

8.2.14 交接班制/Shift Changing Rule

前后班之间，按岗位对口交代以保证生产的衔接和持续，分清责任的制度。

8.2.15 环保施工/Environmental Construction

采用符合环保标准的无毒、无（低）污染的材料进行施工作业；工程渣土和弃浆按环保要求处置和排放；对工程作业的噪声、交通影响等控制在允许的低值限度内。

8.2.16 施工直接安全/Direct Safety of Constructing

防止施工中的人身事故；防止施工设备、仪器和管道在施工中的损坏；防止各环节技术不当造成的工程报废。

8.2.17 间接风险规避/Indirect Escape Risk

避免对施工区域原有的地下管线以及地下、地面建筑物的损坏；避免产生地面隆起、沉陷和冒浆。

8.2.18 工程安全事故/Engineering Safety Accident

是指在工程施工过程中发生的意外的突发事件的总称，通常会造成人员伤亡或重大财产损失，使正常的工程施工活动中断。

8.2.19 工程质量事故/Engineering Quality Accident

由于工程质量不合格或质量缺陷，而引发或造成一定的经济损失、工期延误或危及人的生命安全和社会正常秩序的事件，称为工程质量事故。

8.2.20 有限空间/ Limited Space

是指封闭或部分封闭，进出口较为狭窄有限，未被设计为固定工作场所，自然通风不良，易造成有毒有害、易燃易爆物质积聚或氧含量不足的空间。

8.2.21 有限空间作业/Limited Space Work

有限空间作业是指作业人员进入有限空间实施作业的活动。

参 考 文 献

[1] 颜纯文．非开挖地下管线施工技术及其应用．北京：地震出版社，1999．

[2] 颜纯文，蒋国盛，叶建良．非开挖铺设地下管线工程技术．上海：上海科学技术出版社，2005．

[3] 乌效明等．导向钻进与非开挖铺管技术．北京：中国地质大学出版社，2004．

[4] 余彬泉，陈传灿．顶管施工技术．北京：人民交通出版社，1998．

[5] 严煦世，刘遂庆．给水排水管网系统．北京：中国建筑工业出版社，2008．

[6] 市政管道施工技术，孔进等．北京：化学工业出版社，2010．

[7] 陈馈，洪开荣，吴学松．盾构施工技术．北京：人民交通出版社，2009．

[8] 马孝春，朱文鉴．非开挖工程英汉汉英词典．北京：地质出版社，2009．

[9] 马孝春．地下管道非开挖修复技术．北京：地质出版社，2009．

[10] 埋地钢骨架聚乙烯复合管燃气管道工程技术规程 CECS 131—2002

[11] 埋地聚乙烯排水管管道工程技术规程 CECS 164—2004

[12] 埋地聚乙烯钢肋复合缠绕排水管道工程技术规程 CECS 210—2006

[13] 聚乙烯燃气管道工程技术规程 CJJ 63—2008

[14] 城镇燃气埋地钢质管道腐蚀控制技术规程 CJJ 95—2003

[15] 埋地聚乙烯给水管道工程技术规程 CJJ 101—2004

[16] 燃气用埋地聚乙烯（PE）管道系统 第1部分 管材 GB 15558.1—2003

[17] 输气管道工程设计规范 GB 50251—2003

[18] 输油管道工程设计规范 GB 50253—2003

[19] 油气长输管道工程施工及验收规范 GB 50369—2006

[20] 钢质管道穿越铁路和公路推荐作法 SY T 0325—2001

[21] 钢质管道内检测技术规范 SY T 6597—2004

[22] 输油(气)管道同沟敷设光缆(硅芯管)设计、施工及验收规范 SY T 4108—2005

[23] 城镇燃气管道非开挖修复更新工程技术规程 CJJ T147—2010

[24] 混凝土低压排水管 JC T 923—2003

[25] 给水排水管道工程施工及验收规范 GB 50268—2008

[26] 给排水顶管施工规程 CECS 246—2008

[27] 聚乙烯塑钢缠绕排水管管道工程技术规程 CECS 248—2008

[28] 埋地硬聚氯乙烯排水管道工程技术规程 CEC5 122—2001

[29] 埋地硬聚氯乙烯给水管道工程技术规程 CECS 17—2000

[30] 建筑给水硬聚氯乙烯管管道工程技术规程 CECS 41—2004

[31] 管道工程结构常用术语 CECS 83—96

[32] 钢质管道外腐蚀控制规范 GBT 21447—2008

[33] 埋地钢质管道外防腐层修复技术规范 SYT 5918—2004

[34] 埋地塑料排水管道工程技术规范 CJJ 143—2010